讀故事，學行銷

Read Story : Improve Your Marketing Skills

獨闢蹊徑的另類解讀 簡單實用的教戰智慧

行銷黑皮書

林文集——著

出版緣起

我們為什麼要出版這套叢書？

樂果文化事業有限公司發行人 賴秀珍

作為出版人，我們能做的，就是用智慧和圖書產品回報社會。

至於為何出版這一套叢書？緣起很簡單。

市面上的很多書籍，作者不是專家就是大師；普羅大眾之所以買這些人的帳，是因為大家在學校的時候已經讀慣了教科書，就算出了社會，放下了教科書，卻仍然沒有擺脫教科書式的思維方式，所以我們會不由自主迷信理論和教條；而大部分學院式的書籍寫作方式，很容易淪為紙上談兵，無法解決實質問題。

於是，我一直有個想法，希望通過簡單易懂的方式，策劃一套關於創新、行銷、交際、談判等多個領域的專業理論入門書。

二〇一二年春天，我在日本考察結束後回到台北，機緣巧合遇到了林文集先生，偶然聊到了我想出版一套這樣的書籍。沒想到林文集先生的想法竟然與我不謀而合，於是，他成為了這套書籍的第一個作者，開始撰寫《讀故事，學行銷》。

為什麼「讀故事」？不妨用林文集先生的一個故事回答這個疑問。

在某一次訓練課，我給學員出了一個題目：「成功之道」。勤奮？堅持？進取心？學員們大談特談，但能給人留下深刻印象的卻不多；其中一位學員上台之後，講了一個故事。

「我有兩個同學，心志都很高。其中一個，剛畢業的時候很高調，宣稱絕對不從低層做起；結果十五年之後，他還停留在低級職位上。至於另一位同學，剛畢業就從最基層的職位開始做起，並隨時留意是否有更好的機會；後來，他到了紐約和別人一起開公司做承包生意，成了有名的商人。」

這個故事引起了學員的熱烈討論，直到下課鈴響，所有人都還依依不捨地待在位子上。

這就是故事的魔力。

在聽故事的過程中，一般人很容易就能了解重點，更重要的是，用說故事的方式，更容易吸引聽眾的興趣。

當然，這套叢書依舊面臨一個很大的問題。

在作者的遴選上，我從一開始就進行了嚴格的把關：不僅要有好的文筆和深厚的知識素養，還要有豐富的實戰經驗……

可想而知，合適的作者該有多難找了。

這個難題在李錫東先生到來之後，便迎刃而解了。

安靜中蘊含著智慧，微笑中隱藏著惡作劇意味，彷彿一個萬聖節不給他糖果就會裝鬼嚇人的老男孩——這就是李錫東，自由、傑出、特立獨行的文化創意工作者和圖書出版人。

這套書的其他作者，就是彷佛魔術師一樣的李錫東先生一個一個變出來的，在他的引薦之下，我結識了陳進成先生和王崑池先生等各行業的精英，這套書的出版計畫，也變得越來越充實與飽滿。

媒體人是最喜歡創新的人，他們每一個突然浮出腦海的奇思怪想，都具有某種神秘的魔力，讓人忍不住沉迷其中。

對於這個說法，我深表贊同。

創作團隊有了這些能人的加入，使我對這套書的前景信心滿滿。
我保證，這套書會讓你想要一本接一本讀下去。
最後，深深感謝為本套書付出努力的所有同仁和朋友們。

推薦序

行銷，決定了企業競爭力

莊雅萌

半個世紀以來，許多行銷大師都致力於推動更人性化的行銷思維。不只是思維的轉變，很多以人為中心的創新或設計，也成了行銷領域的焦點話題，不少企業的執行長，都暢談了解客戶的重要性與成功的創新經驗。

然而，在眾多的書籍當中，很少有書籍能夠以簡單的方法解釋所謂的行銷，這就是這本書《讀故事，學行銷》最大的優點：簡單為普羅大眾解釋了眾多行銷的經典觀點與方法。

舉個例子，如何讓產品能夠更貼近消費者的需求？微軟開發ＸＢＯＸ時，找來了玩家級的消費者做為產品的開發者，就是一個成功的例子；同樣的，當行銷人成為使用者，進入消費者的生活情境當中，自然可以提供更貼近消費者需求的產品與服務，這也是Nike的企業總部宛如綜合運動場，哈雷機車的總部彷彿機車文化博物館的最大原因。

行銷，不只是單純賣東西的方式，上至產品開發、文化議題，下至底層行銷人每天的心態，這些都決定了企業的競爭力。能夠比對手早感受到消費者，更快提供解決方案，就能更早洞察市場先機。如果每一個行銷決策都能夠為消費者著想，企業就可以做出更有社會責任的決策，小至「揪感心」的產品，大至企業併購。

《讀故事，學行銷》的問世，讓我們不需要花大錢讀ＭＢＡ，就能夠學到市場與行銷。事實上，這本書說了很多傳統商學院沒有教的事。

這本書最值得推薦的地方，不是全球ＭＢＡ名校的課程論點，或者當代經典管理觀點，而是這本書用最淺顯易懂的方法，動人的真實管理故事，讓你不用花大錢讀商學院，就可以讓你變成改變企業與社會的行銷大師。

因為推薦好東西，是每個人與生俱來的能力，或者說天性。

你需要的只是一些新觀念和小方法而已。

（筆者爲一籃子股份有限公司董事長）

推薦序

想行銷，只行銷是不夠的

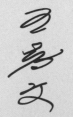

科技的發展，造就了網際網路以及其他各式新興傳播媒介的普及，使得資訊大量、廣泛地透過多元化的形式與管道快速流傳。對消費者而言，意味著對產品的了解度加深，同時也更有機會對本身需求產生更深度的思考，並且反應到實際的消費行為上。

於是，企業面臨了另一個更大的挑戰：原本具有獨占性質的知識或創意，在很短的時間之內就會變成眾所皆知的常識，其他競爭企業很快就會跟進。在這樣的商業環境下，企業必須要有能力滿足不同消費者的不同需求，行銷，也將進入一個高度精緻化的階段。

在企業必須滿足消費者多元需求的時代，行銷不再只是行銷部門的工作，從商品的研發、生產、運籌、銷售到服務，都必須融入市場觀念與行銷意識。舉例來說，產品的設計或規劃，不再只是技術人員的事情，個人電腦客製化市場的趨勢，就是顯著的例子。

服務也是如此，企業必須規劃出不同的服務管道與方式，才能滿足更多的消費者。

在訊息的傳遞上，由於傳播媒介的發達，企業必須掌握各種不同傳播媒介的特質，並且仔細規劃針對不同需求的消費者提供適當訊息，因此，客戶資料庫長期建立與分析管理的重要性就出現了。不僅如此，甚至連訊息的表達方式與技巧，也必須更精確地拿捏，才能有效對應不同客戶。

任何的變化都是一種逐步推演的過程，科技的發展、網路的普及帶動的商業變化也是如此，理論上，企業有足夠的時間因應，但差別在於察覺變化的時間早晚。傳統的行銷觀念與方法不見得會失去效益，但無疑地，精緻化行銷的企業，將具有更顯著的競爭優勢。

《讀故事，學行銷》，以一則又一則的小故事為我們清楚、完整且深度地闡述行銷，並且提出了具有前瞻性的觀念與做法，相當值得行銷人或企業參考。

（筆者爲中華民國農民團體幹部聯合訓練協會祕書長）

作者序

一本簡單又實用的行銷書

林文集

行銷人，一直缺少一本真正實用的書籍。

我從事企劃、行銷近二十年，前前後後為國內許多家企業、政府機關和地方農漁會從事行銷推廣工作，直到某次，我的朋友問我：「你怎麼不寫一本書教別人如何行銷呢？」

對呀，為什麼不寫一本書呢？

從業以來，我一直恪守成為傑出行銷人的信念，所接觸和感悟的，不僅有先進的行銷理念、工作方法與管理思維，也有貨真價實的實戰經驗。加上我有記筆記的習慣，凡走過必留下痕跡，記錄下來的零散經驗和系統理論，都可以成為我進行創作的第一手素材。

於是，我開始動筆寫這本書。

為了避免理論性過強、生動性不足，我採用了敘述小故事的方式，從人才、管理、客戶、服務、行銷戰略、文化建設、創新等幾個方面來解讀行銷。

這本書，沒有繁瑣複雜的行銷理論，沒有生硬刻板的商業教條，每個人都可以從一個又一個精彩有趣的故事中，領略到行銷的魅力。

如果你是一個行銷人，透過這本書，你可以學到最實用的銷售技巧。

如果你是一個管理者，透過這本書，你可以學到用人、留人、激勵人的有效方法。

如果你是一個創業者，透過這本書，你可以學到以高品質的貼心服務，培養長久的顧客。

如果你是一個求職者，透過這本書，你會找到努力的方向，重新規劃自己的人生。

如果你是一個讀者，透過這本書，你會體驗到自己需要的智慧和決策，未來也將由此開啟。

以上就是寫書的緣由，至於寫作的辛苦，就不必細說了。

值得欣慰的是，這本既有實用理論又有實戰案例的行銷書，在賴秀珍女士的幫助下，終於和你見面了。它的價值，相信讀過書的朋友，會有自己的評價。

目·錄
CONTENTS

CHAPTER
1 產品是行銷的基礎

產品，是一切行銷的起點，成功的關鍵字是：試著比你的競爭對手更能滿足消費者的需求。

CHAPTER

2 文化是行銷的靈魂

市場行銷的核心是消費，消費的本質是文化。
與消費者的價值觀一致，產品才能得到消費者的認可與共鳴。

CHAPTER

3 市場是行銷的舞台

在企業行銷中，市場就相當於梁山，是行銷的沃土，企業就如同英雄好漢，在這裡施展才華，一決雌雄。

CHAPTER

4 戰略是行銷的必殺技

在現代行銷中，戰略是行銷成功的必殺技，企業好比是劉備的江山，離開諸葛亮的戰略戰術，就會走向滅亡。

CHAPTER

5 行銷的關鍵是技巧

行銷的過程其實就是人與人之間溝通的過程，動之以情、曉之以理、誘之以利。必須講究技巧，因為技巧才是行銷的關鍵。

CHAPTER

6 服務是行銷的動力

在產品高度同質化的今天，消費者對產品的要求不單單是功能、價格和品質，還有服務。這使得企業競爭升級，變成了顧客滿意度競爭。

CHAPTER

7 客戶管理提高行銷的核心競爭力

客戶管理起源於市場行銷理論，核心思想是將客戶作為最重要的企業資源，透過完善的服務和深入分析來滿足客戶的需求。

CHAPTER

8 人才管理使行銷有章可循

人才是企業發展的主體，是生產力諸多要素中最重要的因素。應整體進行人才管理，以保障在快速的商業變化下，能夠有充足資源。

CHAPTER

9 創新使行銷更上一層樓

企業生存發展的道路上會遇到各種行銷上的困難，只有像孫悟空一樣不斷變化和創新，才能更上一層樓。

本書要告訴你行銷中不能說的祕密：

有人說，我的行銷做得好，也有人說，我的品牌打得響。

但是，消費者買回家的不是通路也不是品牌，而是切切實實的產品。

在企業行銷中，文化是行銷的靈魂。

消費者接受了文化也就接受了產品，所以，離開了文化，行銷就等於是無本之木、無源之水。

在當今的行銷中，無論企業生產出多麼好的產品，要想順利銷售出去，就必須講究技巧，因為行銷技巧才是行銷的關鍵。

體貼周到讓客人有了一種賓至如歸的感覺，這就是服務的魅力。

而在企業行銷中，客戶資料就相當於是企業的「生死薄」，關係到企業的生存和發展。只有管理好這些客戶資料，才能有效提高企業行銷的核心競爭力。

獨闢蹊徑的另類解讀，簡單實用的教戰智慧。

著名的行銷總監，用作家的文筆、專家的理論和行家的經驗，引領你走進行銷世界，共同體驗用腦拿訂單的無窮樂趣。

藉由妙趣橫生的故事、精彩的點評，讓你從中得到經營事業和人生的最大啟示。

CHAPTER 1

產品是行銷的基礎

有人行銷做得好，有人品牌打得響，但是，消費者買回家的不是管道也不是品牌，而是切切實實的產品。

產品，是一切行銷的起點，其中最主要的關鍵是：試著比你的競爭對手更能滿足消費者的需求。

1 三合一的花園：好產品永遠在第一位

產品與需求之間存在著對應關係。產品的吸引力越高，生命週期越長。

美國有一家大型餐廳，由兩位女士經營，環境優雅，還有一個美麗的大花園，只是日復一日，生意始終平平淡淡。

兩位細心的女士平時就有自己種植花草打理花園的習慣，某一天，她們談論起食材的新鮮度，突發奇想，想在花園裡種一些蔬菜水果。於是，她們請了一位園丁，很快地，大花園就變成了菜、果、花三合一的園子。

花園的四周有著各種果樹，一行行的蔬菜中間穿插了各種花草，花園中間有個小小的池塘，客人到飯店用餐，可以到園中親手摘蔬菜水果，或者在池塘裡垂釣，讓廚師烹飪出新鮮美味的魚類。他們可以在花園中散步，在樹蔭下納涼，繁花錦簇，淡淡清香，涼爽的夏夜裡，螢火蟲在林間飛舞，人們在花園裡一邊乘涼一邊品嘗美味佳餚，口口皆鮮，盤盤皆嫩，好不愜意。

餐廳的新特色吸引了當地媒體的注意，做了特別報導。

由於大部分食材都是自己種植的，所以物美價廉，蔬菜現採現煮，不但新鮮，營養也不會流失，而且無農藥、無公害，還吸引了很多顧客，餐廳的生意越來越好，利潤也越來越可觀。

行銷教戰指南

產品是企業行銷的根基，在市場競爭激烈的當前，企業想要生存和發展，首先就要打造好產品。

那麼，什麼是好產品？

很多人認為，好產品來自於好的生產者；其實很多時候，好產品來自於市場。

以下是五個好產品的行銷關鍵點。

1. 建立完善的銷售管道：一些經銷商常常會抱怨產品不好，沒有競爭力；如果問他有多少銷售通路，每間店銷量多少，他可能會說有幾間店，單店銷售額幾千元。這樣的銷售管道，產品再好又如何呢？

一個新的產品——特點在哪裡？針對什麼樣的目標客戶？產品的性質？價格如何？這些資料都必須很清楚，好產品才會應運而生。

2.無關個人喜好：無論是生產者或者銷售員，都不能根據個人喜好來衡量一件產品的好壞，而必須站在消費者和市場的角度。如果自己喜歡的產品就主動推銷，不喜歡的就丟到一邊，這會使很多的好產品胎死腹中。其實每樣產品都有目標客群，銷售者只要抓住目標客群，對號入座，就一定能把產品賣出去。

3.有效控制庫存：很多的銷售員都忽視庫存這件事情，要嘛是客戶訂購之後才發現沒有現貨，倉促進貨或調貨；要嘛倉庫爆滿，大量貨物滯留，大量資金被綁得死死的。

一個合格的經銷商要時時盤點庫存，了解市場訊息，找出熱銷和滯銷產品。不只是新產品需要行銷，舊產品也需要行銷，品牌才能有著整體的提升。

4.懂得配套管理：有的經銷商一次代理好幾個品牌的同類產品，銷量不佳，就抱怨產品不好。真的是產品不好嗎？

5.提供細膩服務：市場需要精耕細作，細心經營，耐心服務。

2 新油漆的價格——永遠都要追求物超所值

只有產品的真正價值優於競爭對手時，才能體現出物美價廉，才能讓消費者信賴。

十幾年前，安先生接手管理一間小型油漆廠。油漆廠原本只生產一款油漆，所以一直處於虧損狀態。安先生進行了一系列的改革，扭轉了局面，公司營利大大提高。

幾年後，安先生決定生產一些用途比較廣泛的普通油漆，他花光了公司的儲備金和銀行貸款，買下了一些舊機器，並且聘用了幾位員工。

如何推出新產品？以什麼價位進入市場？安先生和他的銷售人員開會商議。

其中一個sales說：「我們的產品沒有知名度，經銷商銷售意願並不高。把定價壓低，才可以招攬生意，其他品牌賣一百元，我們只賣六十元。」

安先生感覺兩種方法都不太好。把價位壓低，為了保住利潤，就要降低產品品質，而劣質產品在市場是沒有立足空間的。他想了一個晚上，想出了一個辦法：生產和名牌品質一樣好的油漆，名牌產品賣一百元，他的產品賣九十八元，名牌貨給經銷商的折扣是九折，他的產品折扣是八折，而且就算只賣出一瓶也是這個價錢。

新油漆一上市，經銷商大力向客戶推銷，很快就打開了市場。

行銷教戰指南

其實有很多企業的產品，具備了和世界知名品牌競爭的實力，品質不錯，也有明顯的價格優勢，卻始終沒有辦法占領市場。是什麼原因使這些產品得不到消費者的青睞呢？原因就在於企業沒有認清「物超所值」的真正含義。

一款完整的產品，由三個部分所組成：產品、服務、品牌形象。產品的性能、價格、品質，並不是產品的全部。消費者購買的是一個完整的產品，只有做到完整的物美價廉，才是真正的物超所值。

舉個例子，為什麼麥當勞、肯德基在各個國家都是市占率最高的速食店？

理論上，本土的速食企業應該更有競爭力，他們更懂得在地人的心理、生活、口味，其主要原因就是產品的完整度不足。就算產品本身物美價廉，但服務和品牌形象卻大打折扣，看似簡單的細微處，卻處處做的沒有別人好，怎麼可能擁有市佔率？

最後，請記住，產品的價值，由目標客群決定，而不是生產者本身。不同類型的消費者，對商品價值的定義完全不同。

企業想要做好行銷，就必須了解消費者的真正需求，掌握消費者的心理，才能提供完整的產品。

3 好馬也不應脫韁——打造完美品牌必要程序

穩定的消費群是品牌生存的基礎，消費者對產品的滿意度、忠誠度和推薦則是品牌勝出的關鍵。

一位優秀的騎士得到了一匹好馬，他花費了很大的心血，將馬訓練得非常聽話，想讓馬做什麼根本不用大聲吆喝。騎士很滿意，認為如此聽話的馬根本用不著駕馭的工具，於是就取下馬的籠頭和韁繩。

某一天，騎士高高興興地騎著馬外出辦事，馬感覺到了從來沒有過的自由，就稍微加快了步伐，騎士也沒放在心上。後來，馬越跑越快，野性大發，撒開四蹄狂奔起來，無論騎士怎麼吆喝也無濟於事。

騎士正在後悔的時候，好馬一蹬，把他甩了下去，飛快地向前狂奔。騎士拼命大叫想讓馬停下，馬卻像瘋了一樣地跑，最後在騎士的眼前衝下了附近的懸崖。

行銷教戰指南

要想打造出完美的品牌，首先要清楚：什麼是品牌。

品牌不同於產品或者服務，是看不到摸不著的，它存在於消費者的腦海裡，並透過產品或者服務來體現。

品牌產生於行銷者和消費者的心理互動，所以品牌是變動的，不是一勞永逸的，要經過行銷不間斷的用心去維護。

品牌是消費者情感和消費的延續，一個新的品牌樹立以後，要先看它是否符合消費者的消費特徵，要與消費者的預期需求達成一致。消費延續是消費習慣的延續，這就是很多連鎖店成功的原因。

一旦確認了品牌的戰略方向，就不要輕易變動。改變消費者對某產品的認知，需要花費很多精力、時間和資源，所以品牌一定要有延續性。

品牌與行銷，就像一對形影不離的戀人，品牌在哪裡，行銷就跟到哪裡。

有人認為行銷玩的就是概念，但是概念背後，則是行銷人對品牌的激情和信仰。

怎樣才可以打造出一個完美的品牌呢？

取一個讓消費者容易接受的名字是打造知名品牌的堅實基礎，這是讓消費者互相傳播的首要條件。

現在的消費者越來越喜歡有個性的品牌，只重視品質不注重品牌，企業是很難立足的。透過對品牌的策劃包裝，從而提升企業形象。

品牌要尋找到正確的廣告語，這是企業對品質和服務的承諾，是企業對品牌的正確表述。品牌要想長久發展，就要使線上廣告和線下推廣形成互動，廣告形成影響力，行銷活動充分配合，從而形成有效的體驗氛圍。

產品品質是消費者頭腦中永恆的法則，如果企業想打造出優秀的品牌，首先要緊抓產品品質，並且堅持到底。

企業決策者獨特的思維方式成就品牌的獨特個性，在對品牌產品的宣傳中，要根據不同的群體，突出品牌個性，抓住消費者的需求。

產品準確定位，集中優勢兵力，打造母品牌，不要過早延伸品牌，否則不僅達不到延伸品牌的目的，還會拖累母品牌，最後賠了夫人又折兵。集中優勢兵力，打造品牌的核心競爭力，依靠專業形象贏得市場的認可。

市場是巨大的，機會無時不在，決策者必須獨具慧眼，對市場做出正確判斷，隨時把握機會。

如今的品牌管理，已經不再單純依靠品質和價格，更要靠個性化的服務和消費者情感的歸屬，所以，企業在打造完美品牌時，不僅要做到有的放矢，還要對品牌進行合理的規範和管理。

4 山寨也能出好貨——創新品牌的建立

英雄不論出身低，對新產品進行包裝，用更好的方式贏得市場，與其他舊有品牌進行良性競爭。

說起提神飲料的廣告，一定要提一下兩種同質產品與他們的廣告競爭：十幾年前很紅的「你累了嗎？保力達蠻牛——」系列，以及幾年前白馬馬力夯的瑤瑤系列廣告。

瑤瑤系列最初的廣告是兩支：拖車篇與網咖篇。

拖車篇的情節很簡單，瑤瑤把車違規停在路邊去辦事，回來之後發現交通警察帶著拖吊車正在填寫資料。瑤瑤馬上衝過去大喊「不要拖不要拖」，等她跑到警察身邊，才發現拖吊車司機因為太累，錯把警車拖走了。之後就是產品特點介紹，人參萃取液喝了之後可以精神百倍，工作就不會出差錯巴拉巴拉……

有沒有覺得這個情節異常眼熟？保力達蠻牛的廣告，正是同樣的系列規劃，當人在疲憊的時候出現的糗事，喝了提神飲料之後的元氣百倍。

如果你覺得兩支廣告異常眼熟，甚至懷疑白馬馬力夯是不是保力達蠻牛的姊妹產品，這就表示：白馬馬力夯的廣告，山寨成功了。

大陸這陣子有兩樣新產品很出名：順鑫牽手公司旗下的「這樣紫」和上海著名食品公司的「喝啥呦」。

「這樣紫」的品牌名稱來源於網路流行語「醬紫」，也就是「這樣子」的諧音，產品是由黑加侖、藍莓、紫葡萄等紫色水果加工而成的飲料，由SHE代言，把健康和時尚結合在一起。順鑫牽手公司對品牌是這樣解釋的：「以現代消費者的生活形態為出發點，抓住目標客戶群的個性特點，從新的角度開闢行銷新路子。從某種意義上說，就是抓住了網路。當今是資訊社會，網路滲透到了人們生活的每個角落，抓住了網路流行，就抓住了巨大商機。」

至於另外一項產品「喝啥呦」，則是模仿韓語「你好嗎」（安妞哈誰唷）的發音。產品是一種在韓國很盛行的蜂蜜柚子茶，由影星李小璐代言，在廣告裡極力渲染「喝啥呦」在中文和韓文中的不同意思。

這些產品都受到消費者的大量關注，廣告效益很好。

行銷教戰指南

你應該聽過「山寨版」，比如山寨版手機、山寨版汽車等等。所謂的山寨，就是模仿已經存在的產品或者事物名稱、功能、樣式生產新產品，不用花太多費用研發，和原版很相似。

山寨產品，說好聽點是模仿、借鑑，說難聽點就是不違法的盜版，主要涉及ＩＴ行業、手機等等。因為不用花錢研發產品，沒有廣告、促銷等費用，所以價格比品牌產品便宜很多。以山寨手機來說，雖然材質和做工稍差，但功能繁多、外觀緊跟潮流，得到很多中低端消費者的青睞，行業規模也不斷擴大。

山寨對企業行銷有什麼作用呢？

故事中的「這樣紫」和「喝啥呦」，六、七〇年代的消費者可能無法接受，卻是討好新生代消費者的有效手段。對於新的、不同的消費群，就要用不同的策略。

從手機到明星，現在什麼都可以山寨，山寨的含義也越來越大。以汽車來說，中國國產汽車「比亞迪」Ｆ3系列就是仿造Toyota Corolla，Ｆ6系列仿造的是HONDA雅哥，Ｆ8仿賓士ＣＬＫ。另一家中國國產車品牌吉利卓越模仿勞斯萊斯幻影，這些山寨版汽車用最低的成本仿造世界品牌汽車的外形或功能，並且進行創新，最終在價格、外觀上超越原產品，吸引了很多人的目光，讓消費者用最少的錢買到好車。

出身草根，以仿造知名品牌而成名的山寨品牌，憑藉獨特的零成本行銷方式，在極短的時間內獲得了令人匪夷所思的知名度，值得引人深思。

山寨文化的流行，反應出了某些消費者的價值觀，在不違背法律的前提下，山寨版給消費者帶來了低價格、功能齊全、外觀新穎的產品，也給消費者帶來了十足的創意和娛樂。

好玩也是一種行銷的境界——透過娛樂消費者來提升品牌的知名度。

5 廁所何須金碧輝煌？——產品定位的重要性

產品定位是行銷的重要原則，是指企業開發什麼產品來滿足目標市場的需求。

有個窮農夫，住在一條大路旁邊，以種菜為生。

有一天，農夫看著路上來來往往的人群，突然想到：如果在路邊建一間廁所，既可以方便行人，也可以解決自家種菜的肥料問題。

於是農夫用樹枝茅草搭了一間簡陋的廁所，果然為來往的路人提供了很大的方便，他也不再為肥料的來源發愁。

窮農夫的富鄰居也種菜，他既羨慕又妒忌，決定也要建一間廁所，把路人吸引到他的廁所來。他買了磚瓦，內外粉刷，廁所看起來美觀寬敞、富麗堂皇。富農夫非常滿意，搓著手等著收集肥料。

可是，新廁所蓋好了卻無人問津，窮農夫又小又破的廁所照樣人來人往。富農夫很生氣，詢問路人才知道，他的廁所太乾淨太漂亮，別人以為是座廟……

行銷教戰指南

富農夫的廁所豪華漂亮，卻沒有人使用，就是因為他沒有給自己的產品一個清晰的定位。他的目標群體是路人，普通人怎麼會知道如此豪華的建築是廁所呢？他浪費了財力物力，最後以失敗告終。

產品定位，就是企業針對目標消費者的需求生產所需的產品，就像窮農夫搭建廁所一樣。

那麼，該如何為產品定位呢？

1. **把產品不同於其他同類產品的特性表現出來：**這些差異性對目標市場很重要，能夠有效地抓住目標人群。

2. 弄清楚產品提供的利益對目標客戶是否重要：產品的價格和品質可以轉化成價值，掌握並創造產品的價值是競爭的強力武器，是產品定位的絕佳選擇。

3. **根據特定目標人群、使用的產品和服務，精心塑造形象：**比如紡織品商店把產品定位在為「為了喜愛縫紉的女士提供豐富構想」，這家商店的產品定位就很清楚

了。

4. 根據消費者使用產品的方式和時間訂為產品：特別是季節性很強的產品，比如啤酒公司把公司的啤酒定位為「夏季HAPPY NIGHT」等等。

5. 針對同類產品進行分類定位：這是最常見最普遍的產品定位法。一款新的產品上市，這種定位法非常有效。比如某間計程車公司，提出自己開車和停車的高額成本，把公司定位在經濟實惠上。

6. 針對特定的競爭者定位：這種定位法，短期可能會成功，但是長期來說，有一定的侷限性和危險性，尤其是在挑戰市場龍頭的時候。

7. 針對市場特定的問題定位：這種定位，產品的差異性已經不是重點，因為真正的競爭者很少——比如，面對當今的環境污染，把自己的產品定位為綠色產品。在實際運作上，企業必須把產品的特性、優點以及市場需求結合起來，敏銳觀察目標客戶的需求和慾望，為自己的產品正確定位，才能獲致成功。

6 鮮榨純果汁不見了——打造品牌的忠誠度

品牌是產品重要的特徵之一，品牌能創造出更強大的競爭力。

純品康納（Tropicana）是百事公司旗下的一個品牌，代表真正的鮮榨果汁，包裝上的標誌物：插著吸管的鮮橙，就是產品形象的說明。

公司擔心純品康納的外包裝過於陳腐單調，為了吸引消費者的目光，決定徹底改變包裝。新包裝由著名公司負責設計，在包裝最明顯的部位印著一杯誘人的柳橙汁，以及「Tropicana 100%純果汁」的字樣。

新包裝的純品康納上市，消費者一片譁然，很多忠實顧客紛紛抱怨，有個網友說：「純品康納是鮮榨果汁界的老大，為什麼非要脫下西裝換上工作服裝小弟？」

兩個月後，公司放棄了新包裝，換回了原來的吸管插鮮橙。

行銷教戰指南

純品康納換裝失敗的原因，就是低估了消費者和品牌、形象間的情感聯繫。

純品康納有著自己的品牌特色，建立了可信度與識別度，換裝卻使原來熟悉的身影不見了，這使很多消費者難以接受，認為換裝的純品康納不再是他們心目中的經典品牌了，有的消費者甚至認為裡面的內容也換了。

換裝後，純品康納徹底失去了品牌在消費者心中的地位。

不要低估消費者和品牌形象之間的情感聯繫，否則努力不但沒有好效果，甚至還可能引起反效果。

吸引消費者的目光，喚起他們的購買慾，是企業行銷中最關鍵、最迫切的問題。

在同質同類產品競爭激烈的今天，成功的品牌都是用始終如一的形式，把品牌的功能和消費者的需求聯接起來。

品牌的知名度和口碑，是依靠品牌的傳播提升，是產品和消費者溝通的橋樑。獨特的產品設計、新穎的廣告創意、合適的媒體傳播，都發揮了重要作用。

品牌在消費者心中的是一種烙印，這個烙印是美麗生動還是呆板醜陋，是深刻還是膚淺，說明了品牌的強弱。

了解消費者的需求，順應消費者的情感，是品牌經營者的不二選擇，否則，你在消費者心目中也會是醜陋膚淺的。

品牌行銷，牢記一個真理：「順消費者昌，逆消費者亡。」

7 五克拉鑽戒換一桶水——需求可以提升產品價值

了解產品的特性和客戶的資料，把產品轉化成客戶的需求，就能提高產品的價值。

有一隻老狼生活在沙漠邊緣，牠對沙漠很熟悉。

某天，牠在沙漠裡遇到一隻迷路的狐狸，狐狸很有錢，手上戴著閃閃發光的鑽戒。

「善良的狼先生，我迷路了。」狐狸說：「我願意用五克拉的鑽戒和四兩黃金和你交換一桶水，再請你帶我穿過沙漠。」

老狼高興極了，他沒想到一桶不值錢的水可以讓他得到一筆不小的財富。

經過幾天的長途跋涉，老狼的水已經喝完了，他饑渴難耐，請求狐狸給他一口水。

「狼先生，在沙漠裡，水是很珍貴的。」狐狸說：「我的價格是每杯水五克拉鑽戒和四兩黃金，如果你想喝更多的水，必須付出更多的錢。」

一桶水，不值錢。

然後，一桶水價值五克拉的鑽戒和四兩黃金。

再然後，一杯水價值五克拉的鑽戒和四兩黃金。

這就是客戶對產品的需求。

在行銷中，發現並努力滿足客戶的需求，就是企業行銷的核心宗旨。

那麼，行銷者如何發現客戶的需求呢？

1. 人們的生活中充滿了各種問題，解決這些問題的過程中就會產生需求： 比如，怎樣方便快捷洗衣服？為了解決這個問題，就要買洗衣機，這就是需求。作為行銷人員如果能找出客戶遇到的問題，就能找到客戶的需求。

2. 知道客戶的需求並不夠，還要懂得如何抓住客戶的需求： 客戶的需求是千差萬別的，但歸根結底，只有四個字：趨利避害。

趨利，就是滿足人們在物質、精神方面更多、更好的追求，比如，一件普通衣服就足以擋風避寒，為什麼有人要買名牌衣服呢？除了擋風避寒之外，穿著舒適，滿足虛榮心、成就感，增加自信，這些都是客戶對名牌衣物的延伸需求。避害，就是減少麻煩和痛苦。比如，人們生病會花錢看醫生，要幫車子加油，要安裝防盜門。

行銷，就是不斷地從正反兩面去發現並滿足客戶的需求。

3.市場是創造出來的，激發客戶的潛在需求，引導客戶消費：創造需求是行銷的核心難點，不是讓你說服客戶消費，而是讓客戶從心裡感覺自己真的確實有需求。在行銷過程中，首先一定要了解產品的價值，要讓消費者認為花錢買產品是值得的；其次，要充分解消費者的需求和他的購買障礙、經濟能力、決策權等等；最後，了解你的競爭對手，這樣才能成功行銷。

CHAPTER 2

文化是行銷的靈魂

市場行銷的核心是消費，消費的本質是文化。
與消費者的價值觀一致，產品才能得到消費者的認可與共鳴。

1 抓住消費者目光——獨特包裝提高產品的競爭力

消費者購買產品的時候，不單單只是選擇產品，也選擇了產品代表的文化。

十九世紀末，有一位年輕的玻璃工人，某天他和女朋友去約會，發現女朋友身上的筒形連衣裙非常漂亮，凸顯出了女友迷人的臀部、纖細的腰部和腿部。

約會結束後，年輕人突發奇想，根據女友的連衣裙設計出一個玻璃瓶。經過反覆修改，玻璃瓶非常美觀，就像一位亭亭玉立的少女。年輕人還把玻璃瓶的容量設計成正好裝下一杯水，並申請了專利。

瓶子做出來以後，得到很多人的稱讚，不僅外型美觀，而且解決了玻璃瓶滑手的問題。瓶子中下部有扭紋，就像女孩穿的條紋裙，中部圓滿豐碩，就像少女豐滿的臀部。

沒多久，可口可樂公司的決策者發現了這個玻璃瓶，主動向年輕人購買瓶子的專利。經過多次討價還價，最後可口可樂以六百萬美元的天價買下了瓶子的專利。

事實證明，可口可樂公司的決策是正確的，用這個玻璃瓶包裝以後，在兩年的時間內，銷量翻了一倍，暢銷美國，風靡全球，六百萬的投資換來了數以億計的回報。

行銷教戰指南

可口可樂成功的原因，不只是換包裝瓶的問題，而是包裝瓶被賦予了生命與內涵。這就是包裝的文化，這為可口可樂創造了奇蹟。

在當今同質化產品越來越多的年代，誰能第一個抓住消費者的目光，誰就有了競爭優勢。當消費者選購產品時，首先注意到的一定是產品的包裝，第一印象很重要，很多時候，足以促成一次銷售。

包裝是產品的顏面，是產品文化的延伸，產品包裝是一種強而有力的行銷手段，在品牌戰略中占有重要的地位。統計資料顯示，在美國位居銷售前二十名的超市裡，最暢銷的商品都是那些包裝最吸引人、最優秀的商品。哈佛商品學教授安德森說過：「面對琳琅滿目的同類商品，決定消費者購買的因素有兩種：一，過去的購買習慣和經驗；二，視覺。當消費者無法判斷產品的優劣時，視覺成了決定購買的主要因素。」

在國際市場上，產品的包裝往往比產品的內在更受到企業重視。改變包裝，對消費者來說就意味著產品的內在也發生了改變，

美學，是產品包裝的依託，美是產品包裝的目的和結果，產品包裝影響消費者的審美意識，人們對美的追求也引導產品包裝的發展。

產品包裝就像一面大旗，品牌的價值、品牌的個性和品牌的文化，都在其中。

不同的包裝產生不同的視覺效果，展現出不同的品牌形象和個性。只有彰顯產品個性，才能讓產品在琳琅滿目的同類產品中脫穎而出，讓消費者很快找出自己認可的品牌。

世界著名設計師瑪麗・克洛德・拉利克每年都會為聖路易香水設計一套香水瓶，小小的香水瓶，充分體現了這位名設計師的個性：光亮，自然。特別是女士用的，瓶子上有著花果圖案，還帶有龍涎香和香子蘭的淡淡芬芳。這樣的包裝，使消費者從中感受到品牌的個性和產品的文化底蘊，大大的提高了產品的競爭力。

良好的文化內涵，能夠提高商品的附加價值和競爭力。

2 才子的成功之路——增加商品的文化附加價值

文化是品牌的主要動力，是消費者價值取向的升級；增加文化附加價值是提高產品價值的有效方法之一。

二〇〇三年，「才子男裝」正式進入中國市場，請影視明星張豐毅作為才子的形象代言人，並推出了品牌宣言：「煮酒論英雄，才子贏天下。」才子男裝以獨特的品牌形象和定位，一進入市場便抓住了那些有學識、氣質儒雅、聰明智慧的精英知識分子，這個群體身上的王道與大氣，與「才子贏天下」的品牌理念不謀而合。

二〇〇四年，才子成功躋身於中國主流男裝品牌的行列，「萬人簽名聲援新正裝」活動更是發揮了畫龍點睛的作用，把才子推向全中國。

二〇〇六年，才子更深層地挖掘品牌核心價值概念，推出「錦繡時尚」，這個概念給中國男裝行業帶來深遠的影響。錦繡時尚以傲骨寒梅、中式圖章，將傳統中國元素融入服裝設計中，挖掘出了中國服飾文化的精髓，強烈震撼了每一位消費者的心靈。

「新正裝」的風格是「正裝休閒化」，細分著裝方式，而錦繡時尚宣導的「玩轉中國風，在休閒中浪漫」，把中國元素提升到了國際水準，這是一次大膽的嘗試。這次才子和藝人梁朝偉合作，梁朝偉以他的典雅、內斂塑造出的銀幕才子形象與才子男裝的理念可謂不謀而合，將錦繡時尚演繹得淋漓盡致。

二〇〇五年，梁朝偉出席才子發表會，被媒體稱為「才子會京師」，盛況空前。

二〇〇七年，才子男裝推出了「時尚國粹」的全新概念，「男人進入美麗時代」的原創主張粉墨登場，才子男裝時尚國粹理念的熊熊大火被「國粹演義」點燃了。

中國最典型的國粹：梅花、印章、青花瓷、書法、山水、戲劇臉譜等等，被才子的設計師巧妙運用到了服裝設計中，創造出別具韻味的系列產品，引起了現代男人的共鳴。

才子獨具魅力的行銷模式，讓他們擁有了超過三千家的銷售通路，產值將近十億。

行銷教戰指南

一款產品要在行銷中取得高價值，光靠物質賣點是不夠的，產品的高利潤主要來自於產品文化。隨著人們生活水準的提高，物質的需求已經不再是問題，重要的是精神需求，它是消費者情感和自我表達的一種方式。勞力士不僅僅是一款手錶，還是一款藝術品，能滿足一個人藝術情感的需求，是一個人的身分象徵。

怎樣透過提升文化從而提高產品價值呢？

1. 最直接的辦法是與知名品牌合作：這樣可以分享知名品牌的無形資產，比如華晨與寶馬的合作，金六福與五糧液結親等。

2. 選定產品的內在元素，從而製造高價值內涵：比如某款家具是根據英國女王的御用風格設計的，某件衣服的款式是當前法國最流行的。

3. 要學會說品牌故事，為品增加內涵，讓人感動：名車、名錶都擅長講故事，講故事的目的是讓消費者了解，他們買的不是單純的產品，而是文化和理念。

4. 要有一句簡單有力的口號：這句口號必須表明行銷理念，品牌所有的行為表現都要服從這句話，比如耐吉的Just do it、愛迪達的Nothing is impossible等。

5. 要學會穿好衣服並規範言行舉止：佛靠金裝，人靠衣裝，品牌靠包裝，這個包裝是指品牌的整個外在形象。就好比一個人，能透過外在的穿著和言行舉止看出品味檔次，這是最直觀、最見效的。

6. 要學會交朋友，也就是給產品定位：產品定位在什麼位置，就要受其限制，不要隨意變更。把產品定位在哪個範疇，就要和這個範疇的佼佼者結合在一起。

7. 品牌定位以後，就要受到身分的限制：注意出現的場合，這樣能夠有效提升品牌文化，提高產品價值。

8. 要展現出品牌的一貫主張：突出品牌的個性，這樣的品牌才有價值。

3 落後也是好商機——逆向行駛的行銷策略

當一款新產品帶著獨特而深厚的文化底蘊出現在消費者面前時，它就有了靈魂和魅力，能夠吸引消費者爭相購買並相互轉告。

美國是世界上數一數二的經濟強國，但是在偏遠山區，依然有貧窮落後的村落。在那裡，人們依靠貧瘠的土地過日子，原因就是太偏僻，交通不便，和外界幾乎沒有聯繫。

某天，村裡來了一個商人，他認為，落後就是這裡的商業資源。他向村民提出了一個企畫：「現在都市的生活很富裕，我們不妨用原始生活吸引他們。如果大家同意，我們乾脆過原始人的生活，利用我們的落後來賺錢。」

村人一致同意。

從此以後，村人完全模仿原始人的生活，披獸皮，穿樹葉、樹皮衣服，住在樹上搭的房子裡。村落的原始生活很快傳播出去，成千上萬的人慕名來參觀，眾多的遊客給村落帶來了可觀的收入。同時，商人投資修路、建旅館、商店，把村子變成了著名的旅遊景點。

慢慢的，村人們把生活當成了職業，白天在樹上披獸皮穿樹葉，晚上回到地面，換上現代時髦的服裝，住到景點外的高級別墅。

行銷教戰指南

落後的村落透過出賣文化獲得財富，他們緊緊抓住人們的消費心理，找到了自己的賣點，從而成功地把村落行銷出去，這就是文化的殺傷力。

有很多企業感覺自己有文化，很時尚，但所謂的文化，只是一些簡單的文字遊戲和眾所周知的歷史典故。這種不痛不癢的文化，只是企業自我陶醉罷了，既不能和消費者產生心理共鳴，也不符合市場需求。

比如，現在很多的白酒企業，把自己定位在古文化，可是現代人的消費觀念已改變，雖然酒是古代文化的產物，但是文化也要有所創新。現代人的思維、教育以及理解力，和古代人相差甚遠，死死抱著古文化，只會限制企業發展，所以很多白酒企業一直停滯不前。

怎麼使文化更具有市場殺傷力呢？

這要從目標消費群的心理需求和慾望出發。

比如，天天做發財夢的消費者有什麼樣的心理訴求？想升官的有什麼樣的心理訴求？希望獲得愛情的年輕人有什麼心理訴求？網路一族有什麼心理訴求？想保持身體健康的人有什麼樣的心理訴求？其實他們有一個共同的需求：成功。成功地獲得財富，成功地得到愛情，成功地獲得身體健康。只要掌握了消費者的心理需求，創造出適合消費者的品牌文化，品牌文化和消費者的文化就會發生共鳴，企業才能在市場立於不敗之地，使行銷成功更有可能。

4 千年等一回的產品——文化是品牌的「大腦」

一個品牌要具有高價值，就要進行品牌文化建設，提高品牌文化的內涵，這些事情決定了消費者的購買慾望和購買行為。

二〇〇四年三月，北京她加他飲品有限責任公司正式推出了「他＋她營養水」，產品一上市就受到熱烈的追捧，在一週內的訂貨量就超過了兩億人民幣。

她他水的CEO周子琰女士說：「這是一個千年等一回的產品。」

她他水的成功主要因素之一就是把市場消費人群做了一個橫向切割，把產品按男女細分，分別貼上標籤。在極度追求個性和差異化的時代，這個獨具匠心的作法，打動了那些好奇心強，充滿浪漫氣息，走在時代前端的新新人類。

在推廣和宣傳上，企業也採用了極浪漫的手法，廣告、形象代言人、音樂行銷、情緣行銷等，還投資製作了一系列「她」、「他」原創歌曲，比如「愛她就給他」、「有我就有她」、「男女關係」、「ID密碼」等。網路是新新人類接觸最多也最願意接受的傳播媒體。在選擇產品形象代言人的簽約會上，公司舉辦了「眾裡尋他，憑水相逢」活動，只要消費者把瓶子上的編號用簡訊發送到指定號碼，就有機會認識同編號的異性消費者，這是一種時尚人群喜愛的情緣速配活動，引起了很多年輕人的參與。

二〇〇四年，借助於網路遊戲「劍俠情緣」，她他水被推廣到網咖銷售，此外，他她水還策劃了一些新穎的傳播手段，比如電視劇行銷、「她他舞」等。

她他水的外包裝也很具特色，突出了品牌個性，「她」採用浪漫的桃紅色，幾分嫵媚，像一位含羞少女；「他」採用藍色基調，表現出男性的穩重和陽剛，流線形的瓶身，顯現出幾分優雅。兩瓶飲料擺在一起，就像是一個浪漫的場景：一個青春靚麗的女孩默默仰視著一個充滿朝氣的男孩，男孩溫柔低頭俯視女孩。這深深吸引了新一代消費者的目光，年輕的消費者不忍心拆散他們，就同時買走兩瓶她他水。

她他水的出現，為中國的飲料市場增添了幾分浪漫氣息。

她他水的很多行銷手段，迎合了這一代邊娛樂邊參與的消費心理，這也大大促進了她他水的成功。

品牌文化是由品牌的物質文化和精神文化組成的，代表品牌的有形資產和無形資產。品牌的誕生也就誕生了品牌文化，品牌文化是品牌的大腦。當消費者消費品牌時，不僅消費了產品的物質文化，也享受到產品的精神文化。

那麼，品牌文化對於品牌有什麼作用和意義呢？

1.品牌文化可以體現出品牌的個性差異：每個強勢品牌都有獨特的個性，這也是品牌真正的價值所在。產品可以複製，但文化是模仿不來的，向品牌注入風格獨特的文化，便是提升品牌競爭力的有效途徑。

2.品牌文化可以體現出品牌的競爭優勢：品牌價值來自於品牌文化，品牌一旦具有了文化內涵，與消費者的消費心理產生共鳴，就會把無形的文化價值轉變成可以看到的品牌價值，從而使品牌產生強大的競爭力。

3.品牌文化可以體現出品牌的魅力：品牌文化是品牌形象中最有價值的部分，是不可替代的，可以強化消費者的購買慾望。深厚、持久、富有內涵的品牌文化，可以使品牌產生超凡魅力，建立消費者的忠誠度。

4.品牌文化可以延長品牌生命：一個品牌如果不注重品牌文化的建設，單方面追求經濟利益，品牌就成了純粹的賺錢機器，這會導致品牌生命力短暫。企業只有透過建立優秀的品牌文化，使品牌具有獨特的魅力，從而吸引消費者，才能健康持久發展。

5.品牌文化使品牌具有人格特性：俗話說性格決定命運，品牌文化決定了品牌的命運，也就是品牌成敗的關鍵。

6.品牌文化和品牌要一同成長：品牌文化一旦形成就牢不可破，但也不是一勞永逸的，在品牌發展的過程中要對品牌文化進行改進和再造。

5 服務就是企業文化——企業管理成功的基礎

企業文化是一把雙刃劍，好的企業文化可以把企業引上成功大道，不好的文化很容易破壞企業的規章制度，使企業衰退。

由於頻繁出差，馬克有很多機會和不同的航空公司打交道。某一次，馬克要出國，在中途的小機場轉機，卻沒有找到下一班飛機隸屬的航空公司櫃台或者服務處。手中拿著之前買的機票，馬克找到機場的工作人員，卻沒有人能幫他解決問題。最後，馬克只好又買了一張機票，悻悻然登機。

行銷教戰指南

一家企業如果有好的企業文化理念，就要制定成各種規則制度，要讓員工時刻看到，然後用各種方式讓企業價值觀和理念深入每個員工內心。

海爾集團總裁張瑞敏說過這樣一句話：「企業文化就像空氣一樣存在於企業中，

人員流動可以帶走客戶資源、內部材料，但帶不走企業文化。」

客戶會透過員工的行為感知企業文化，企業文化如果形成一定的氛圍，可以同化每一個員工，客戶甚至可以從員工的行為看出他來自哪個企業。

企業文化，是企業強大的根基，好的企業文化可以為員工創建一個和諧相處、充分發揮個人能力、實現自我價值的良好工作環境。同時還可以產生強大的凝聚力，這種凝聚力可以調動員工的積極性，增加責任感和使命感，把個人所有的智慧和力量都傾注到企業的整體目標上。

6 山姆創造的奇蹟——企業文化的行銷之道

企業文化是企業所有成員共同的價值觀念和行為規範的總稱，直接影響消費者的消費心理和購買慾望，是企業的精神和靈魂，是推動企業發展的動力。

沃爾瑪是美國一家世界性的連鎖企業，是世界上雇員最多的企業，也是全球營業額最大的企業，連續三年佔據世界五百強榜首。

美國Kmart連鎖店創始人哈里·康寧漢對沃爾瑪總裁山姆·沃爾頓的評價是：「山姆是本世紀最偉大的企業家，沃爾瑪企業的文化是沃爾瑪成功的關鍵，任何人都比不上。」

在沃爾瑪，顧客就是上帝，公司本著「幫顧客節省每一分錢」的宗旨，儘量節省開支，降低費用。為了服務消費者，沃爾瑪要求員工必須遵守「三公尺微笑」，並堅持「服務勝人一籌、員工與眾不同」的服務理念。沃爾瑪強調以人為本，不只是尊重顧客，還尊重公司的每一個人。

對沃爾瑪來說，員工是企業最大的財富，不同膚色、背景、信仰的人為了實現共同的目標而合作，所以每個人都應該獲得同等的尊重和尊嚴。沃爾瑪的管理者稱員工為合作者、同事而不是雇員，任何員工都可以直接和總裁對話。沃爾瑪重視對員工的精神鼓勵和潛能開發，在企業內部形成一種和諧的氛圍，使每個員工感覺到自己是這個大家庭的一員，並積極地把自己的光和熱貢獻出來。

沃爾瑪的每一位管理者都是員工的公僕，始終把與員工的溝通放在首位，他們辦公室的門是敞開的，歡迎員工隨時走進去提出自己的觀點和建議。沃爾瑪用激勵處理員工關係，沒有批評或處罰，管理者對員工說的最多的一句話是：「做的很好！」

每個星期六開週會，大家在一起做做健美操、唱唱歌、喊喊口號，只要大家快樂、高興，就可以隨心所欲，目的是把氣氛活躍起來，讓大家有好心情投入工作，這也是沃爾瑪特有的文化氣息。

人性化的管理和頗具個性的企業文化，造就了世界級的企業，打造了零售界的商業神話。

行銷教戰指南

企業文化直接反應出企業的行銷觀念，是企業市場行銷的一面鏡子，也是企業行銷成功的關鍵因素之一。

優秀的企業文化，可以增加行銷的競爭力，原因如下：

1. 企業的價值觀是企業文化的核心，決定了企業的經營理念、風格和發展方向，最終取得消費者的廣泛認可。

2. 企業精神是企業文化的靈魂，良好的氛圍對員工有強大的凝聚力，可以提高員工素質，從而讓消費者認可產品、信賴產品。

3. 企業的視覺形象是最直接、最容易向消費者傳播的企業文化，各種宣傳標語、平面、電視廣告等等，甚至是員工的衣著打扮，企業的廠容廠貌，都是消費者認識企業產品最直接的途徑。

4. 企業產品的品質，是提高消費者信任度的重要條件，決定了消費者的購買行為。

5. 企業的信譽決定了企業的品德，好的品德才能得到消費者的認可和尊重，消費者才願意消費。

6. 企業文化的建設，是為了獲得更多的優秀員工和市場，要從長期利益出發，不僅要贏得客戶，還要長期擁有客戶。把客戶看成上帝，就可以推動市場行銷。

7. 企業文化和市場行銷緊密的結合在一起，發揮協調效應，提高企業的整體競爭力。

企業文化的目的是提高企業在市場的競爭力，使企業得以生存和發展，所以，一定要樹立良好的企業形象，突出個性的、有特色的企業文化，增強員工的凝聚力，使員工為了共同的理想和信念而奮鬥。同時，企業文化要滲透到消費者的心中和整個行銷流程中，使企業行銷創造奇蹟。

7 一公厘的價值——文化創新使企業行銷更長久

只要市場競爭存在，就要不斷創新，否則就會被淘汰。

美國有家著名的牙膏公司，產品品質優良，包裝美觀，受到消費者的青睞，銷售額年年遞增，在過去十年以來，每年的銷售增長為一成五左右。

但是，同質產品越來越多，競爭激烈，市場趨於飽和，公司的銷售業績開始持平甚至不斷下滑。這樣的狀況已經持續了兩季，於是公司管理層召集全國行銷經理商議對策。

大家各抒己見，提出很多方案，但是沒有一個方案能保證解決問題。

這時候，一位年輕經理站起來說：「我有一個建議，但，如果這個建議可行，我希望公司能夠支付我五萬美元。」

董事長很生氣：「你每個月都領薪水，年底還有獎金，現在公司遇到困難，你還向公司提出這種過分的要求？」

「如果建議不可行，公司不用給我一分錢。這是鼓勵大家進行思維創新。」年輕經理遞給董事長一張紙，董事長看了看，立刻吩咐財務部支付年輕人五萬元現金。紙上只有一句話：「把牙膏的開口擴大一公厘。」

消費者每天刷牙，擠多長的牙膏出來已經形成了習慣，如果牙膏口擴大一公厘，將增加多少牙膏的消耗？董事長立刻下令更換包裝，公司當年的銷售額增加了三成以上。

行銷教戰指南

企業文化是行銷的靈魂，決定了企業的生死存亡。好文化會打造出強大的企業，當文化成為企業發展的障礙時，則要及時的創新和改變。

那麼，如何進行文化創新？

1. 思維創新，也就是觀念的創新：優秀的企業家對於企業的發展一定要重視精神建設，不能重物質輕精神。

2. 要打造出有特色的文化：有特色就有了差異性，這是創新的根本。突出個性的企業文化，能夠提升企業的競爭力，是企業生命力的體現。

3. 要培養員工的學習能力，把學習變成企業員工的集體行為：企業的創新精神和創新能力來自於全體員工的文化素質和專業技能，企業必須建立學習氛圍，重視培養創新人才，提高員工的創新能力。

CHAPTER 3

市場是行銷的舞台

在《水滸傳》裡，有一〇八位身分不同、性格各異的綠林好漢。這些人替天行道，懲惡揚善，個個身懷絕技，能文能武，各有所長。

在企業行銷中，市場就相當於梁山，是行銷的沃土，企業就如同英雄好漢，在這裡施展才華，一決雌雄。

1 反覆無常的大海——沒有市場就沒有行銷

產品再好，如果沒有消費者，產品就只是一堆造成環境污染的垃圾。

水手出海，遇上狂風巨浪。驚濤駭浪拍打著帆船，桅杆斷了，砸在水手的腦袋上，水手暈了過去。不知過了多久，他醒過來，發現自己被沖到岸邊，不遠處有一些船隻的殘骸。

「偽君子！」看著眼前一片風平浪靜，水手很生氣，指著大海大罵：「你看起來溫順，可是當人們開始航行，你就興風作浪，把船隻撕成碎片，把水手打入海底！你是世上最無恥的騙子！我憎恨你！我詛咒你！」

海神聽到水手的咒罵，浮出海面，溫柔地說：「年輕人，我很溫柔，也很平靜，可是風神的那些淘氣孩子經常來海上玩耍，狂風掀起巨浪，我也深受其害……而且，如果沒有風，你又該如何揚帆遠航呢？」

大海反覆無常，它可以讓水手揚帆遠行，也可以把船隻掀翻，讓人葬身海底。競爭激烈的市場也是一樣，變化無常，可以成就一個企業，也可以使一個企業滅亡。

最早的時候，市場是人們進行交易的場所，現在的市場有兩種意思：一是指現實存在的場所，比如菜市場、超級市場等，二是對人們交易行為的統稱。

市場的大小，不單單指交易場所的大小，還包括人們的消費行為是否活躍，以及消費能力的高低。

根據產品的屬性，市場可以分為商品市場、金融市場、勞動市場、技術市場、房產市場等；按照範圍和地理環境可分為國際市場、本土市場、城市市場、鄉村市場等；根據消費者的年齡可以分為老年市場、青年市場、少年市場、兒童市場等；根據性別分為男性市場、女性市場等，還可以根據消費者的消費水準、消費品味來劃分。

在現代行銷中，市場有哪些主要特徵呢？

1. 市場的統一性，可以使消費者在消費時對產品的價格、品種、服務有更多選擇，也使企業在購買生產原料和銷售產品時有更好的選擇。

2. 現代市場是開放的，可以使企業間進行更大範圍和更高層次的競爭和合作，從而促進市場的發展。

3. 市場競爭，是各個商家為了維護和擴大自身的利益而進行的各種行為，生產經營者努力在產品的品質、服務、價格、品種等方面創造優勢，吸引更多的消費者。市場競爭促使企業不斷創新，使市場更加充滿活力和生機。

4. 現代市場經營有序，能夠保證商家進行平等競爭和公平交易，保護經營者和消費者的合法權益不受侵犯。

只有了解了市場的真正含義，掌握市場、充分運用市場，才可以取得行銷成功。

2 迷你靚麗的奇瑞QQ——市場區分是行銷致勝的策略之一

不細分市場，行銷就好比瞎子摸象、大海撈針，找不到自己的定位和競爭優勢。

奇瑞QQ是一款有著鮮豔靚麗的膚色、玲瓏可愛的身段、俏皮迷人大眼睛的小型轎車。這款汽車，一度風靡北京的大街小巷，它在滾滾車流中是那麼顯眼，那麼調皮，整個街道成了它個人表演的伸展台。

在二〇〇三年的北京，奇瑞QQ的週銷售量超過了二百輛，當時在北京汽車界流傳一句話：「奇瑞QQ賣瘋了！」

奇瑞QQ的目標客戶是那些收入不高，卻有知識有品味的年輕一族，同時還囊括了某些有一定事業基礎，心態年輕，追求時尚的中年客群。剛進入職場兩三年的白領一族都是QQ的潛在目標客戶。

為了吸引年輕一族，奇瑞ＱＱ除了轎車應有的配置以外，還特意安裝了獨有的I-say系統，集朗讀、音樂播放、資料存儲等等多種數位功能於一身，使ＱＱ與網路緊密相連，更迎合了離開網路就像魚兒離開水的新新人類。

「我找到你了」——這句廣告語充滿個性，符合年輕一族的心理需求，「年輕人的第一輛車」、「秀我本色」等等，把年輕族群追求自我、張揚個性的消費心態描繪得淋漓盡致。

行銷教戰指南

奇瑞ＱＱ的成功歸功於對市場的細分。透過對年輕消費群的了解，明確市場定位，打破傳統的高低端消費，把市場按照消費者的個性、類型進行細分，最終贏得市場。

從這個典型案例，可以看出市場區分的重要性，這關係著企業行銷的成敗，是行銷成功的策略之一。企業經營活動中的所有行銷戰略，都要從市場區分開始。

市場區分是指企業透過對市場的調查，根據消費者的需求、慾望、消費行為等方面的差異，把產品的整個市場劃分成若干個不同的消費需求群體，每個被細分出的消費群都有類似傾向的需求。

市場區分，會給企業帶來很多利益。

了解並掌握不同市場消費群體的需求和慾望，有利於發掘市場潛力，更可以集中優勢兵力，突擊目標市場，取得局部競爭優勢，更有利於及時調整市場行銷策略。

一般來說，企業應該把注意力和財力用到有潛力和有利的細分市場上，這樣可以提高行銷的經濟利益。

市場區分，有一定的依據，根據地理情況細分為國家、地區、城市、農村、氣候、地形，根據人口細分為年齡、性別、職業、收入、家庭、國籍，根據人的心理細分為社會階層、生活方式、個性，根據人的行為細分為時機、追求利益、忠誠程度、態度等等。

現代企業常用的細分策略，一是根據消費者身分細分，比如很多企業針對白領族，二是根據性別細分，比如她他水；三是根據地理位置細分，比如農村市場等。

成千上萬的消費者分散於不同的消費市場，他們有不同的需求和慾望，企業不可能生產滿足所有消費者的產品，為了提高經濟效益，必須進行市場區分。

3 人云亦云的危機──市場定位讓成功更有可能

市場定位，簡言之，就是在客戶心目中樹立獨特的形象。

有一對父子到市集去賣驢，父子牽著驢慢悠悠地走著。

有個路人大聲說：「那麼遠的路程，放著驢不騎，是不是太傻啊？」

父親聽了，就讓兒子騎在驢背上，自己跟在後面。

走著走著，碰到了親戚，親戚說：「不能這麼寵孩子，小孩子吃點苦沒什麼的，鍛鍊一下，將來才有出息。」

父親想想也對，於是自己騎到了驢背上，讓兒子在後面跟著。

當父子經過村莊時，村人指指點點：「這個父親真狠心，自己騎驢，讓小孩子在後面走，太沒有人性了！」

父親羞愧難當，連忙叫兒子跳上了驢，父子都騎在上面。

剛走沒多久，又有路人說話了：「這兩個人真沒人性！把可憐的驢累壞了！」父親無計可施，只好把驢捆起來，抬著驢走，結果又引來一陣哄笑……

行銷教戰指南

這個故事很多人都聽過，在現實生活中，類似的事情很多，也引出了行銷中市場定位的問題。

市場定位是七〇年代由美國行銷學家艾・理斯和傑克・特勞特提出的，他們一致認為，只有給產品找到正確的位置，企業才有可能發展。

如何進行市場定位？

關鍵是找出產品優於競爭對手的特性，這樣才具有競爭優勢。可以透過市場調查，弄清楚目標市場的現狀，摸清競爭對手的情況，確定自身的競爭優勢，對市場做初步定位。之後，透過實際運作，把競爭優勢正確傳遞給目標客戶，並在客戶內心深處留下深刻印象。

如果初步定位與目標消費者認識有偏差，企業就要根據市場需求重新定位。重新定位一般有兩種情況：一是競爭者推出相同定位的產品，造成本企業產品銷量下滑；二是消費者的需求或者需求偏好改變，造成產品銷量減少。

不同企業的產品不同，消費群體不同，環境也不同，所以市場定位的依據也不相同。

根據自身產品的特點定位，比如產品的品質、價格、所含成分；根據產品的使用場合和實際用途定位；根據消費者的利益進行定位，比如「去頭皮屑，用海倫仙度絲」等等。

好的定位，能夠使企業找到適合發展的行銷方向，避免走冤枉路，造成資源浪費。

4 你懂因地制宜嗎——掌握市場才能掌握行銷命脈

企業如果不定期進行市場調查分析，必定會一敗塗地。

有一個小縣，連年災荒，老百姓生活疾苦，常常發生暴亂。新到任的縣官想了想，下了一道命令：「參與暴亂者處死」，並且讓衙役把這條命令寫成告示，貼在縣衙門前。

小縣還是連年災荒，老百姓仍舊生活疾苦，但這條告示發出去之後，大家害怕，於是暴亂發生的頻率低了很多，縣官為此得意洋洋。

幾年之後，縣官調任，到了一個附近都是深山密林的小縣，不僅如此，附近還有一隻大老虎出沒，牠不只攻擊村民飼養的牲畜，還經常襲擊村民。

村民們跑到縣衙，要求新縣官除掉這隻老虎，於是縣官下了一道命令：「傷人畜者死」，然後讓衙役把這條命令刻在山林裡最高的懸崖上。

不久，縣官大搖大擺地微服出巡，走進了附近的山林裡，之後就再也沒有出現了。衙役們只在山林間找到了疑似縣官的殘缺屍體……

行銷教戰指南

在現代行銷中，有很多企業都有成功的歷史，取得豐厚的利潤；但市場不斷發展，只有「三腳貓」式的行銷方法，已經不能贏得變化無窮的市場了。

首先，要對目標市場進行調查分析，了解市場底細，其中包括市場特性、消費者特性、數量、收入水準，再來是競爭產品的情況，價格、管道；市場地位等，透過這些資訊，對整個市場有全局性的認識。

前期的調查只是一小部分，準確定位市場，堅定目標，堅持不懈地努力，當市場發生變化時，及時調整行銷策略來適應市場的發展。

對企業來說，市場永遠是對的，只有了解市場，掌握市場，才能掌握行銷的命脈。

5 一元存款——置於死地而後生的策略

行銷的整個過程，都是針對消費者的心理採取行動。迎合他們的需求和慾望，消費者就會成為企業的忠誠客戶。

第二次世界大戰以後，日本的經濟幾乎崩潰，很多大財團解體或改名，就連歷史久遠的三菱銀行也難逃一劫，改名為千代田銀行。雖然三菱銀行原來有良好的信譽，但是由於改名，再加上戰爭後人們生活艱難，根本就沒有什麼錢能存，銀行也就幾乎沒有什麼業務了。為此，經理島田晉想出了一個妙招：「一元存款」。

「用手捧一捧水，水就會慢慢從手指間流走。敬愛的先生、女士們，你手裡的存摺，就像一個水桶，接住您流掉的每一滴水。千代田銀行，就算是一元也可以存放，把您手裡的零錢一點點的存起來，積少成多，就會慢慢積累成一筆財富。有了千代田銀行的存摺，您就有了希望。」

雖然只存了一元，消費者也可以享受到銀行貼心的服務，這不僅活躍了當時的存款市場，也使銀行度過了最艱難的時刻。

行銷教戰指南

有生命力的市場才能使企業起死回生，市場具有生命力，才會創造價值。怎樣使市場充滿生命力呢？

對行銷來說，關鍵就在於抓住消費者的心理。

1. 虛榮心：為了面子，消費者往往會消費超過自己購買能力的產品。

2. 從眾心理：很多消費者在購買決策中，喜歡隨波逐流，看到別人買什麼自己也跟著買。

3. 崇尚權威：消費時的決策，情感往往超過理智，對於權威人士推薦的產品常常無理由地選購。很多產品利用名人效益，用權威人士代言、做廣告，都是在迎合消費者崇尚權威的心理。

4. 佔便宜：便宜和占便宜有本質上的區別。比如產品原價十元，你九元買回來，這是便宜；如果把同樣的產品定價十五元，讓消費者用十二元買到，消費者就會以為自己佔了便宜。很多時候，消費者要的不是便宜，而是佔便宜。

5. 害怕後悔：很多消費者在做完購買決策後，會產生恐懼感，擔心自己的決策是錯誤的，害怕花了冤枉錢，所以，在消費者消費的時候，一定要給他百分之百的信任感、安全感，這樣才能促使銷售成功。

6. 心理價位：每款產品在消費者的心裡都有一個心理價位，高出心理價位，很多人不接受；低於心理價位，消費者會對產品品質產生懷疑。所以，充分了解消費者的心理價位，為產品適當的定價，這樣才能成功銷售出產品。

7. 炫耀心理：某些產品，給消費者的心理滿足感要大於產品的實用價值。比如女性喜歡手袋，有錢的女士為了炫耀自己的身分會購買幾千美元的世界品牌手袋，一些時尚商品，更是充分利用了人們這種心理。

8. 攀比心理：這種心理主要是由於消費者所處的社會地位、身分造成的，為了不低人一等，同階層的人有什麼，自己就買什麼，這種心理更勝於炫耀心理。

了解消費者的消費心理，結合到實際運作中，就會啟動市場的生命力，使企業發展壯大，創造輝煌。

6 聰明人賣報紙——佔有市場更要開發市場

企業開發市場，必須充分考慮市場的大小和自身駕馭市場的能力。

某個小鎮，有兩個人販售同一份報紙。

第一個人每天很早起床，沿街叫賣，他的嗓門很大，老遠就可以聽到他的叫賣聲，但這個人每天賣出的報紙並不多。

第二個人每天除了在街上叫賣，還會到一些固定場所，比如人潮洶湧的車站、碼頭還有一些大型商場。某些時候，他甚至會先發報紙，過一會兒再回來收錢。雖然這樣做有收不到錢的風險，但他的報紙還是越賣越多。

在固定的地區，消費群是固定的，同一份報紙，買了這個人的，就不會買那個人的。

對企業的發展來說，佔有原來的市場是遠遠不夠的，還要進行市場開發，只有市場增加了才能擴大業績。

如何進行市場開發？

1.向上游或下游行業滲透：比如飼養業向加工業滲透，室內設計向室內裝修業滲透等，還可以向其他配套行業滲透，最終形成集團型企業。

日本東芝公司董事長曾經說過：「別人在實驗室裡研製產品，然後尋找市場；我們是尋找市場，再開發產品。」

做開路先鋒要承擔很大的風險，因為開拓一個新的領域，要先開拓一種新的觀念，對這種新觀念要宣傳，還要等待消費者的接受和支持，前期費用很高，成敗還在兩可之間。所以很多企業不願冒險，而是靜待市場發展，等到市場認可某樣新產品，才順水推舟進入市場。

2. 創新性開發：顧名思義，創新就要有創意，這是用逆向思維方式，從消費者的潛在需求入手，尋找市場的空白。

對企業來說，進行市場開發，最重要的是了解消費者的需求，了解什麼是對消費者最有價值的。滿足消費者的需求和慾望，是企業行銷亙古不變的真理。

7 當心陷阱——企業發展的致命威脅

在當今市場競爭激烈的年代，企業生存和發展都面臨嚴峻的考驗，產品進入市場隨時有掉進陷阱的可能。了解市場陷阱，才能使企業發展少走彎路。

深山裡生活著很多動物，所以就成了獵人狩獵的最佳場所。

有個獵人為了能捕獲大型動物，挖了一個陷阱，並且在裡面放置了捕獸夾，只要有獵物掉到陷阱裡，就會被牢牢夾住。

某天，老虎出來覓食，一不小心掉到了陷阱裡，一隻爪子被牢牢夾住，牠用盡渾身力氣也沒能掙脫出來。

老虎很清楚被獵人捉到的下場，於是牠忍住劇痛，拼命上竄下跳，費了好大力氣，掙斷了被夾住的爪子，一瘸一拐地逃跑了。

老虎落到陷阱裡，為了保住生命，忍痛捨棄了一隻爪子。

在現代企業行銷中，任何一個有活力的企業，在行銷的過程中都有可能掉進各式各樣的市場陷阱中。那麼，企業在危機時刻會不會也像老虎一樣，捨局部保全整體利益呢？

市場陷阱，對任何企業都意味著危險的困境，這是自由競爭市場經濟的必然產物，有很大的隱蔽性和多發性，隨時可能將企業吞噬掉。無論多麼強大的企業，都會發生資金周轉失靈、投入產出比率不合理等不良狀況，如果不及時擺脫，就會給企業造成致命的威脅。

市場陷阱形成的核心要素是市場競爭，本質是無效供給過剩、有效需求不足，這是企業間的競爭造成的，一些競爭力低下的企業製造了市場陷阱，同時也給自己帶來了滅頂之災。

有一種陷阱，叫做「消費者滿意度陷阱」，這個陷阱的成因可以概括為兩大方面：一是企業提供的產品和服務不能滿足消費者的期望，二是消費者本身的原因。

在消費者中，一類人是理性消費者，他們根據自己的理性思維對產品進行評判，然後決定購買和忠誠於固定的供應商；另一類消費者是感性消費者，這部分人運用自己的感性思維評判產品，受自身情感和情緒影響很大。

消費者對產品的認知過程、能力、消費者的情感、情緒，是造成消費者滿意度和忠誠度的根源。

對於理性消費者，企業可以控制消費者的行為、拓展消費者認知領域、提高認知能力來解決。感性消費者，企業可以透過傾聽他們的心聲來解決，透過給消費者提供細緻、貼心的服務，與消費者達成情感上的交流，解除他們因為對產品不了解帶來的恐慌、懷疑等情緒。

CHAPTER 4

戰略是行銷的必殺技

《三國演義》中的諸葛亮是一位偉大的戰略家、軍事家、政治家，具有獨特、敏銳、反常的戰略眼光；劉備透過諸葛亮的戰略才得以扭轉乾坤，成為一方霸主，三分天下，如果沒有諸葛亮的運籌帷幄，劉備是不會成功的。

在現代行銷中，戰略是行銷成功的必殺技，企業好比是劉備的江山，離開諸葛亮的戰略戰術，就會走向滅亡。

1 投資小收益大——促銷不必花大錢

促銷實質上是一種溝通活動，也就是行銷者發出刺激消費的各種資訊，把資訊傳遞到一個或更多的目標對象，以影響其態度和行為。

有一家餐廳，格調高雅，在當地享有盛名，生意一直很好，但是每逢星期一，餐廳的生意就格外冷清。

有一天，老闆翻看當地電話簿時，無意間看到一個人：麥克•傑克遜，這個當地人和天王歌星同名同姓。於是，他立刻打電話給這位麥克•傑克遜，說他獲得了餐廳一次免費的用餐機會，這是餐廳的抽獎活動，時間是下星期一晚上八點，歡迎攜伴赴宴。麥克•傑克遜非常高興，當時就答應了。

第二天，餐廳門口張貼了一幅超大的海報，上面用醒目的字體寫著：「熱烈歡迎麥克•傑克遜先生下星期一蒞臨本餐廳！」

海報一貼出，就引起很大的迴響，大家都議論紛紛。

到了星期一晚上，餐廳人潮洶湧，大家都想一睹巨星風采。晚上八點，店裡的廣播開始響起：「先生、女士們，麥克・傑克遜先生光臨小店，讓我們一起歡迎他們的到來！」

餐廳內頓時鴉雀無聲，所有人的目光都盯著店門口。沒想到，走進餐廳的是一位白髮蒼蒼的老先生，他還牽著他的夫人。

所有人都愣住了，接著好像明白了事情的真相，爆發出歡快的笑聲，衝上去簇擁著傑克遜夫妻就坐，還要求和他們合影留念。

從此以後，餐廳每星期一都會招待和名人同名同姓的人免費用餐，並在之前向鄉親們宣告，這成了當地的娛樂活動，也把餐廳的生意推向高潮。

行銷教戰指南

對於名人效益，商家都很清楚，但是請名人促銷是要花大錢的，餐廳老闆的妙招，同樣引起名人效益，但他只花費了一頓晚餐。

現代促銷花樣千變萬化，成了漫無目的的推廣，很多促銷耗費企業大量的資本，成了無底黑洞。企業經營的目的是利潤，但是促銷花費了很多資金，最終卻沒有帶來利潤。

所有促銷的目的只有一個，就是促進產品銷售和企業行銷。

如何促銷才能做到投資小收益大呢？

1.以行銷為導向進行促銷：急功近利的企業，往往熱衷於天女散花式的促銷，希望能在短期內達到產品銷售的極大值。這種大範圍促銷活動，浪費了大量人力物力，最後花散盡了，天女還是天女，沒有發揮什麼作用。而以行銷為導向的促銷，企業的態度很專一，近乎吝嗇，而且他們的促銷就像中國的針灸，輕易不紮，紮就紮到相應的穴位，針到病除。

2.促銷遵循基礎：產品、價格和管道。有的企業做的廣告和宣傳很到位，可就是看不到產品的影子，這樣的促銷效果不會好。在價格上動腦筋搞促銷，很多時候促銷一結束，價格就挺不住了，這樣的促銷沒有也好。還有的就是在圍繞銷售管道促銷，促銷的目的就是打通商品流通的各個環節，哪裡有瓶頸就針對哪裡促銷。

其實投資小收益大的促銷活動有很多種，實施起來也不難。

3. 贈品促銷：關鍵是創意，給消費者一個驚喜。比如，有間酒店對顧客消費到一定的金額贈送最新、最流行的書籍，這個很有新意，投資也少，只需要一條簡單的小廣告就可以了，效果很好。

4. 降價促銷：這是最多企業運用的促銷方式。

5. 文化促銷：文化對行銷有獨特的功能，有的商家從民俗文化入手，比如猜燈謎、對對聯等，很多文化促銷手段投入的資金都很少，效果卻很明顯。

促銷的高招有很多，但都不是獨立存在的，經過創意發揮，就成了行銷中的獨門暗器。

促銷成功的祕密就是變化和創新，要引發市場一片驚嘆，令競爭對手自愧不如，真正做到投資少收益大。

2 洗腦式廣告——創意傳播的成功

廣告是行銷的重要手段，企業做廣告是為了提升產品知名度，進一步強化消費者對產品的印象，使消費者對產品產生好感，激起購買慾望，促成購買行為。

日本的樂清清潔用品公司，客戶的訂購專線是100100。由於公司知名度不高，生意一直不好，老闆決定透過廣告進行宣傳。

策劃廣告時，老闆突發奇想：全日本最有名的百歲雙胞胎人瑞，她們的年齡連起來不就是100100嗎？他立刻去請百歲姐妹為公司做廣告。

於是兩位雙胞胎在廣告中依次出現。

「我叫成田金，今年正好一百歲。」姐姐說。

「我叫蟹江銀，今年也是一百歲。」妹妹說。

姐妹說完之後，廣告中出現了旁白：「日本樂清清潔用品專營公司，銷售熱線：100

100。」

這則廣告簡單明瞭，播出後很快大轟動，銷售熱線號碼傳遍全國，公司的業務也一路攀升，這句廣告語，更獲得了當年廣告流行語大賞。

行銷教戰指南

廣告使人印象深刻，就會產生轟動效應。

一個好的傳播概念可以造就一個企業、一個品牌、甚至可以轉變市場的運行規律。

1. 以消費者的需求為核心概念：美國一位大學教授舒爾茨在他的《整合行銷傳播》中提到：「在同質化產品充斥的市場中，只有透過廣告來創造品牌的差異化，從而提高品牌的競爭優勢。這個有效的廣告傳播必須是以消費者的需求為出發點的軸心概念。」

在現代行銷中，抓住消費者的想像力是行銷成功的關鍵。

在廣告傳播中透過簡單深刻的概念，讓消費者對產品有直接的認識，然後讓消費者對品牌產生一連串豐富的聯想。比如「全家就是你家」、「有7—11真好」。

2. 創造好的、差異化的產品概念：一款物超所值的好產品，應該是專業技術和豐富想像力完美結合的產物，廣告傳播時要注重突出產品的差異化，創造出消費者期待的產品。比如二〇一三紐倫堡發明展，台灣健行科技大學的「除濕機水箱馬桶」，利用除濕機的冷凝水供馬桶沖水使用。

3. 遵循USP行銷概念：USP（Unique Selling Proposition），意思是獨特的銷售主張，也就是大家常說的賣點。這是二十世紀六〇年代美國達彼思廣告公司的行銷理念，後來流傳於廣告界。

達彼思公司的說法是：每一個廣告都必須告訴消費者一個觀點：購買本產品會得到什麼具體好處；提出的觀點要有新意，是你獨有的，競爭者不會也不能提出的；觀點要有吸引力，要能吸引千千萬萬的消費者，促使新的消費者購買產品。大量事實證明USP理論的強大威力，很多行銷人依靠它創造了驕人的銷售業績。

4. 廣告概念的賣點：充分讓消費者產生信任感，很多成功的品牌都巧妙的運用了這個策略，比如屈臣氏的「我敢發誓，我最便宜」。

掌握了以上幾點，就可以創造出有創意的傳播概念，為企業行銷成功打下基礎。

3 規避誤區——找出有效的廣告傳播策略

廣告就是為了促進銷售，但是也要講究策略，做到花費少效果好。

有兩間房地產開發商，分別在城東和城西從事開發，城東的叫夢想家園，城西的叫孔雀山莊。

一年後，城東的夢想家園竣工了，這座耗資一億美元的高級住宅區有六十棟樓房，社區中間是一座美麗的人工湖，樓房繞湖排列，波光倒影，清新雅靜，置身其中如夢遊仙境。

過了不久，城西的孔雀山莊也完工了，這個社區投資了數億美元資金，一座座小樓依山傍水，紅磚綠瓦掩映在綠樹之間，給人別有洞天的感覺。

夢想家園拿出一百萬美元做各種廣告宣傳，他們先在電視打廣告，然後又上報紙電台大勢渲染；孔雀山莊完工後也拿出一百萬美元，但是他們沒有把錢用在各種媒體宣傳上，而是把城裡通往山莊的接駁車由原來的每天十班增加到二十班。

一年以後，孔雀山莊的房子所剩無幾，夢想家園的樓房卻滯銷了，不得不忍痛降價。

隨著時間流逝，去孔雀山莊的公車已經達到每天四十班，相當方便，而且車票也獨具特色，正面是孔雀山莊的廣告，反面是唐詩宋詞，顏色豔麗，而且每週更換內容。

過了不久，夢想家園經營不善，宣佈破產，孔雀山莊趁機收購，從此之後，這座城市又多了一條車票印有唐詩宋詞的公車路線。

行銷教戰指南

大眾認為好的廣告途徑，效果不一定最佳。

企業在行銷中如何做好廣告，如何讓廣告發揮最佳效果？這要有策略，要規避廣告中的一些誤區。

1. 電視廣告並不一定是最有效的廣告方式：在各種廣告媒介中，電視廣告雖然影響最大，但也有其不足的地方。首先是投資大，其次就是製作到播出週期長，市場有什麼變化很難及時調整；另外還受時間和空間的限制。很多行銷人認識不到這些缺陷，把大量的資金投入到電視廣告中，結果廣告效果不好，還讓消費者感覺企業沒有創新能力。

2. 並不是投資越大效果越好：有實力的企業可以大玩金錢遊戲，很多企業也曾經用巨大的廣告投入取得了立竿見影的效果，銷售急遽上升，但是好景不長，等到產品進入成熟期，廣告的作用就大大削減。

3. 不該節省的地方節省了：企業為了以最小的投入取得最大化的利潤，把廣告時間和版面大小控制在最省錢的程度，卻因過度簡化內容，很多時候人們還沒有弄明白是什麼，廣告就已經結束了。

4. 陷入只做軟廣告不做硬廣告的誤區：軟廣告指的是報紙雜誌等媒體廣告，這些廣告費用便宜，信任度高，所以很多企業很迷戀軟廣告。但是軟廣告有一定的侷限性，只能上文字，圖片很少，沒有直接效果，不能吸引消費者的目光，更不能越俎代庖成為廣告主角，只能做硬廣告的補充。要想讓廣告取得最佳效果，就要做到軟硬兼施。

5.只在媒體關注率高的地方做廣告：很多人會問，不在關注率高的地方做廣告，難道在關注率低的地方做嗎？

問題的關鍵是，要找對目標人群，就好比找伴侶，不一定是最漂亮的，但是一定是最適合你的。比如，你在收視率很高的兒童節目播放女士衛生用品廣告，或者男士刮鬍刀廣告，效果一定不好。

想讓廣告發揮最佳效果，就要規避這些誤區，以免浪費金錢還沒起到應有的作用。

4 最珍貴的禮物——把握轉瞬即逝的商機

這是一個快魚吃慢魚的時代，市場機遇來的快去的也快，消費者的需求慾望變化快，競爭對手強大的快，這些快的因素就要求企業資訊快、反應快、決策快。

有一位商人，騎著駱駝帶著兩袋大蒜到一個遙遠的國家，歷盡辛苦終於到達了目的地。這個國家的人從來沒有見過大蒜，也不知道這是什麼東西，商人讓人們品嘗了以後，大家都很驚奇，原來世界上還有味道如此特殊的美食。所有人很感激商人給他們帶來的禮物，為了表達感激之情，就用當地最熱情的待客方式款待了這位遠道而來的商人，臨別還送給商人兩袋金子略表心意。

這位商人高高興興地回家了，並將這件事告訴了其他人，大家都誇商人聰明。

另一個商人聽說了這件事，心想，大蔥的味道也不錯啊，不妨帶大蔥去嘗試一下。

於是商人立刻行動，帶了兩綑大蔥來到了那個國家。那裡的人們從來沒有見過大蔥，品當之後認為大蔥的味道更好，已經超過了大蒜。

於是，他們盛情款待了這位商人，臨別時，更把他們國家最寶貴的東西——兩袋大蒜，拿來送給這位商人……

行銷教戰指南

當前市場競爭激烈，商機出現，晚一秒都有可能錯失良機。只有快，才能抓住商機。

機遇的出現存在偶然性，而且轉瞬即逝，變化很快。在決策的過程中，看到時機一旦成熟，要當機立斷，做出決策，切不可優柔寡斷。

在市場競爭對手如林的情況下，要避其鋒芒，仔細尋找市場空白，抓準時機，推出自己的強勢產品，捷足先登，獨占市場。

企業行銷成功與否，關鍵在於行銷者是否有超前的意識，勇於挑戰，善於抓住戰機，做出最快的反應和果斷的決策。

在現代經濟市場中，有一條企業必須遵循的規律，就是「永遠變化」。

在競爭激烈的市場中，險象叢生、瞬息萬變，沒有通用的行銷策略，沒有一直暢銷的產品。要使企業立於不敗之地，唯一的方法就是要掌握隨時變動的市場需求，了解不同市場的特點和競爭對手的行銷策略。

著名科學家巴斯德說過：「機遇永遠只青睞那些有準備的頭腦。」在機遇和挑戰面前，只有有準備的人才能掌握大勢，抓住商機，獲得成功。

5 找到大家都喜歡的——觸動消費者的靈魂

找到消費者喜歡什麼、需要什麼，用最直接最簡單的辦法滿足他們的需求和慾望。

廣告公司招聘創意總監，很多人應聘，一位年輕人也加入了競爭行列。

回到家，妻子緊張問：「親愛的，怎麼樣？是不是很難啊？」

年輕人一臉神祕：「我明天開始上班，年薪一百萬，此外還有獎金和紅利。」

「我的天！」妻子吃驚地捂住嘴，「親愛的，你太棒了！這麼高的待遇，競爭的人一定很多吧？」

年輕人說：「大概有一百多人參加招聘，而且都是這個廣告業的精英。」

妻子好奇地問：「面試考的是什麼題目啊？」

「很簡單，只有一題：主考官給我們每人一張白紙，讓大家在白紙上設計一些東西，然後把這些考卷從窗戶扔到街上，看誰的考卷先被路人撿起。」年輕人說：「有的人寫了動聽的詩，有的人畫了裸體美女，有的人畫了誇張的漫畫，有的人把白紙摺成漂亮的藝術品……」

「那你是怎麼做的？」妻子很好奇。

「也沒什麼。」年輕人說：「我只是在紙上貼了幾張百元鈔票而已。」

行銷教戰指南

廣告創意與消費者的消費心理關係密切，優秀的廣告創意是建立在消費者的消費心理上，從而滿足消費者的需求。違背消費者心理活動規律的廣告，就沒有存在的價值。

一個好的廣告創意，首先要滿足市場潛在的需求，簡單的說就是：產品是做什麼的？是為誰生產的？產品一旦對消費群定位了，那麼廣告詞和風格、內容就確定了，所以產品定位是廣告創意的基礎。

以消費者的感情為出發點定位，比如全國電子「揪甘心」，中華豆腐「慈母心，豆腐心」等等，這些都是在感情訴求上定位的，透過對目標群體的詳細了解，以及對產品附加值的挖掘和再創造，以感情、親情、愛情為訴求打動消費者的心，從而牢牢抓住消費者。

廣告語，是廣告主題最直接的表達形式，讓大眾一聽就知道是什麼廣告。

好的廣告語要準確、生動、突出主題，牢牢吸引消費者的注意，以此鎖定目標消費者，比如必勝客的廣告語：「PIZZA HUT—HOT到家」，商品非常鮮明，也非常吸引人。

對於廣告畫面，要巧妙進行設計，好的廣告畫面給人帶來強烈的視覺衝擊，是一種美的享受，會給人留下深刻印象。它是設計者根據產品的特性，結合各種藝術手段創造出來的，以達到新穎、獨特、吸引人、誘惑人的目的，使大眾在藝術享受中，產生潛在的消費動機，最終促成銷售。

現代消費者的心理需求不斷在變化，為了迎合消費者達到最好的廣告效果，要在廣告和消費者之間形成互動，把廣告巧妙融入消費者的娛樂生活中，使消費者無意識地接受，並產生消費動機。

6 哇哈哈的通路策略——得通路者得天下

得通路者得天下。銷售通路成了企業競爭的重點，其結果決定了企業行銷的成敗。

很多商人都想過：如果全國每個人都買我一件商品，那我就賺瘋了！

中國娃哈哈集團卻真正做到了，這個年銷量在三百億台幣以上的中國企業，成功地挑戰了這個龐大市場，它的銷售通路幾乎遍佈中國每個角落，抓住了十幾億消費者的心。

有人調查過，在過去的十年間，每一個中國人都買過的品牌有三種；娃哈哈就是其中之一，走進任何一間賣東西的商店，一定能看到娃哈哈的系列產品。

二〇〇八年，娃哈哈投資六十億人民幣增加九十多條生產線，同時也擴大銷售通路，二〇〇八年年底，娃哈哈新增經銷商一千多家，二級批發商達到四萬多家。二〇〇九年，中國人平均年消費哇哈哈達到三十三元人民幣，公司的目標是在二〇一二年每人平均年消費達到七十七元人民幣，實現銷售收入達到一千億人民幣，成為中國第一家銷售收入過千億的企業。

哇哈哈的銷售通路，覆蓋了中國大陸幾乎所有的城市、鄉村，現在更是要把銷售觸角滲透到農村的各個角落，像一張密密的大網，任何一個消費者也不放過。

娃哈哈的成功，銷售通路起了很大的作用。公司前期進行廣告轟炸，後期創意各種促銷的行銷方式，把產品利潤和廣大經銷商一起分享，極大地提高了經銷商的積極性，從而達到成功的行銷機能。

行銷教戰指南

隨著通路競爭的日益升溫，運作費用也不斷上升，企業的投入和產能不成正比，這也成了困擾企業的難題。只有正確選擇和運用銷售通路，才能使產品迅速轉到消費者手中，加大企業資金周轉，降低銷售過程的費用，擴大銷售市場。

選擇銷售通路要做到兩方面：一是選擇銷售通路的類型，二是選擇具體的經銷商。

選擇銷售通路，受產品、市場和企業本身的因素影響，主要分以下幾種類型：

1.按照產品在銷售過程中的環節，分為直接式銷售通路和間接式銷售通路。

直接式指產品從生產者直接到消費者手中，是企業產銷合一的經營方式，沒有中間環節，所以費用少，容易控制市場，方便提高優質服務。

間接銷售通路指的是有中間商加入，透過中間商的合理運作，使產品交易時間縮短，提高產品的銷售能力，企業可以集中財力物力用於產品的開發和生產。

2.根據產品從生產者到消費者手中經過的通路長度，分為長通路和短通路。

產品經過的中間環節越多，管道就越長。企業在採用間接式銷售通路後還要選擇通路的長短，為了節省流通費用，儘量選擇短通路，但也不是越短越好，要適度，有的中間環節是省不了的。

企業只有正確選擇銷售通路才能占有市場，取得行銷成功。

7 危機公關——善用公關策略的黃金法則

企業危機公關，是指企業為避免或減輕危機帶來的嚴重損害和威脅，從而有組織、有計劃地學習、制定和實施一系列管理措施和應對策略。

百事可樂是飲料市場上的霸主之一，與可口可樂公司幾度爭搶龍頭地位，但在激烈競爭過程中，一次突發事件，使百事可樂陷入被擠出市場的危機。

久聞百事可樂清新爽口，威廉斯太太從超級市場買了兩罐百事可樂給孩子。回家後，小孩子喝完，覺得罐子漂亮，清洗罐子之後，將罐子倒扣在桌上，竟然有枚針頭掉了出來。

威廉斯太太大驚失色，立即向新聞界捅出此事，可口可樂公司也趁機大肆宣傳自己的產品，一時間，百事可樂無人問津。

百事可樂公司得到「針頭事件」的消息，立即採取了措施，一方面通過新聞界向威廉斯太太道歉，請她講述事件經過，感謝她對百事可樂的信任，感謝她替百事可樂的品質把關，同時給予威廉斯太太一筆可觀的獎金以示安慰。

同時，百事可樂公司通過媒體向廣大消費者宣佈：誰在百事可樂中再發現類似問題，必有重獎。

最後，在生產線上更加嚴格地進行質量檢驗，並請威廉斯太太參觀，使威廉斯太太確信百事可樂質量可靠，並贏得了這位女士的贊揚。

行銷教戰指南

在企業行銷中，常常會出現各式各樣的危機，怎麼才能不被危機打倒？怎麼樣才能絕處逢生？危機公關成了企業行銷人的必修課程。

1. 出現危機，反應速度要快：壞消息在極短的時間內就會像病毒一樣迅速向外擴散，所以當事者必須果斷行動，與大眾和媒體真誠溝通，從而控制事態的發展。如果危機處理得當，企業的作法得到消費者的好評和信任，生意不僅不會下滑，反而會增長。

2. 處理危機時要多線運作，不能顧此失彼：危機出現，企業高層要冷靜鎮定，化解員工的心理壓力，記住，在問題沒有明朗之前，一動不如一靜。處理危機對外要口徑一致，才能讓大眾感覺到處理問題的誠意，爭取媒體和大眾的信賴。

由於危機隨時都有變化，所以公司要迅速決策，果斷行動，近一步控制事態發展，減少企業損失。事態控制以後，找出問題的真正原因，對症下藥，根除病根，以免留下後患。

3. 危機出現，企業要勇於承擔責任：危機發生了，企業要關注的不外乎兩點：一是利益問題，無論孰是孰非，都應該先承擔責任。二是情感方面，企業一定要站在對方的立場表示歉意和安慰，並透過各種媒體公開向公眾道歉，獲得公眾的理解和信任。

4. 危機出現，企業一定要和公眾真誠溝通：務必做到三誠：誠意、誠懇、誠實。公眾會原諒一個犯錯誤的人，也會給他改正的機會，誠實是解決危機最關鍵也是效果最好的辦法。

5. 要學會用權威來證實自身的清白：藉由權威第三方出面澄清，消除消費者對企業的誤解和防備，重新獲得消費者的信任和支持。

CHAPTER 5

行銷的關鍵是技巧

行銷的過程其實就是人與人之間溝通的過程，動之以情、曉之以理、誘之以利。
無論企業生產出多好的產品，要想順利銷售出去，就必須講究技巧，因為技巧才是行銷的關鍵。

1 明星代言——成功雙贏的策略

成功的代言人會使品牌和代言人一起成長，二者之間不是依附關係，而是挖掘出雙方更多的優點，達到雙贏，這也是代言成功的關鍵所在。

雨潔作為去屑洗髮精的新品牌，前有強勁的競爭對手海倫仙度絲，如果做不到一炮而紅，後面的行銷會更難。公司認為明星是品牌最好的推動器，所以決定找明星代言。當時海倫仙度絲的代言人是天后級巨星王菲，雨潔對亞洲明星們進行篩選，最後選定了香港另一位天后級女星鄭秀文。

鄭秀文美麗、時尚、大氣、充滿活力，形象和雨潔的品牌形象非常吻合。鄭秀文在當時的歌壇有很高的知名度，而且她代言的品牌很少，這也提高了大眾的形象識別度。鄭秀文是屬於實力兼偶像派明星，她的代言不會低於競爭對手。她試用過產品，看過有關部門的檢驗報告後，答應代言，並在廣州拍了雨潔去屑洗髮精的第一支電視廣告。

隨著鄭秀文熱情奔放的舞蹈，「去頭皮屑，用雨潔」迅速響遍大江南北，一時間家喻戶曉。鄭秀文也透過為雨潔代言被評為二〇〇三年中國十大最受歡迎廣告代言人，無形中提高了她的知名度。

行銷教戰指南

在資訊瞬息萬變的今天，所謂的「酒香不怕巷子深」已經行不通了，現在既要酒香還要讓大家都知道，所以出現了各種媒體廣告。

在同質產品眾多的今天，要想在市場立於不敗之地，不僅產品品質要好，更要在廣告宣傳上勝人一籌。越來越多的企業找影視明星、歌星、體育明星、行業專家代言，代言人成了品牌傳播最好的放大器，企業從明星身上獲得高價值的回報。

選擇明星代言，要注意以下幾點：

1. 明星形象和產品間的聯繫要合理，讓看過廣告的人一提起明星，立刻想起代言產品。

2. 很多明星炙手可熱，同時代言很多產品，這容易模糊形象，令廣告效果大打折扣。比如麥可・喬丹代言耐吉籃球鞋，知名度很高，但他為其它品牌或商品的代言就幾乎不會被人想起來，效果很差。

3.很多明星會有負面新聞，在大眾心目中印象很差，請這樣的明星代言，會殃及品牌形象。所以，選明星代言要做到產品品質和明星氣質吻合，產品的口碑和明星的口碑一致，代言才能達到最佳效果。

2 自信——行銷得以成功的保證

行銷人必須充滿自信，信心十足的人不會放過任何機會，哪怕只有一線希望。

一隻小老鼠早上從陰暗的洞裡鑽出來，外面明亮而暖和，牠抬頭望著空中的太陽，說：「太陽公公，您照亮了世界，溫暖了萬物，實在是太偉大了！」

太陽哈哈大笑：「孩子，還有比我更厲害的，等等烏雲出來，你就看不到我了。」

果然，片刻後烏雲佈滿天空，遮住了明媚的陽光。

小老鼠抬頭對烏雲說：「烏雲姐姐真偉大，居然能遮住照耀萬物的太陽公公！」

烏雲無奈的說：「我不是最偉大的，一會兒風吹起來，你就知道了。」

天空中突然狂風大作，很快吹走了滿天烏雲，萬丈陽光重新灑滿大地。

小老鼠高興的跳起來：「風兒哥哥太厲害了，你是世界上最最偉大的，你吹走了烏雲姐姐，讓太陽公公重新出來了！」

風很悲哀的說：「雖然我吹走了烏雲，但我不是最偉大的。看到前面那堵牆了嗎？我用盡力氣都拿它沒辦法。」

小老鼠走到牆腳下，仰望高高的牆，無比羨慕：「牆大哥，原來你才是世界上最偉大的！」

牆苦笑，正想說話，突然轟的一聲，垮了。很多小老鼠從牆角下鑽了出來。

行銷教戰指南

阿基米德說：「給我一個支點，我就能轉動全世界。」

自信對一個人的成功是非常重要的，沒有自信，就會束縛住個人發展。

在充滿殘酷競爭的市場中，行銷向來以成敗論英雄。誰能時刻陪伴你，鼓勵你，幫助你呢？就是你的自信心，它激勵你去迎接一次次新的挑戰，完成一個個艱難的任務。

如果你是一個無名小卒，自信會是你生存最大法寶，你要時刻告訴自己：「我可以！我是最棒的！」

積極表現自己，主動為客戶解決問題，這樣會讓你增加自信，同時也會讓客戶認識到你的價值，願意消費你的產品。

一個充滿自信的人，不會把客戶的拒絕當成失敗，而是把它看成生活的一部分，促使自己下一次更努力地嘗試。

作為一個行銷人，自信心不光體現在自己身上，還有對公司、對產品的絕對信心，要敢於對客戶說：「這是最好的產品，我向你推薦。」

自信是一種需要長時間堅持的生活習慣，它不是瀟灑迷人的外表，卻能讓你瀟灑迷人地迎接生命中的每一天。

自信不是財富，但擁有自信，它就會給你帶來無盡的財富，讓你獲得更多成功的機會，創造更多的奇蹟。

擁有自信！相信你自己是最棒的！

3 換種釘子試試看——看見更寬廣的行銷視野

很多時候，我們沒有能力改變客戶，那就改變自己和作法，解決問題。

有個小國家經常打敗仗，有一個釘子商人經過，決定求見國王，說他有能夠取得勝利的錦囊妙計。

國王急忙召見商人，商人見到國王，說：「敬愛的陛下，軍隊戰況是否一直不利？」

國王愁眉不展：「這正是我召見你的目的。」

「恕我冒昧的問一句，您知道是什麼原因嗎？」

國王說：「因為我們攻擊的時候追不上敵兵，撤退的時候會被敵兵追上，才會被打得節節敗退。」

商人問：「我們的戰馬都是精心挑選的優良戰馬，跑不快應該不是戰馬的問題吧？是不是馬沒有釘馬掌？」

國王說：「戰馬都釘馬掌了，可是馬掌很容易脫落。」

商人趁機說：「敬愛的國王，我這裡有一種堅固的馬掌專用釘，用這種釘子，馬掌就會堅固耐用，戰馬在戰場健步如飛，百戰百勝。」

國王大喜過望，決定買下商人所有的釘子。

行銷教戰指南

在現實行銷工作中，很多行銷人沒有行銷能力和技巧，墨守成規，不擅長學習總結，老是抱著舊觀念和方法不放，卻常常抱怨自己的業績不好。

行銷人員，要有學者的頭腦，深入了解市場的動態、客戶的生活形態、購買產品的價值觀和購買動機等。只有具備一顆有超強判斷力的頭腦，才能成為頂尖級的推銷高手。

要有藝術家的心，對於平常生活司空見慣的風景和人物，要用新的眼光去欣賞和關心。要有敏銳的洞察力，才能看到別人看不到的風景，發現新的商機。

要有技術員的手，對自己行銷的產品瞭若指掌，產品的性能、品質、價格、特性、製造過程等都要詳細了解並掌握。做到會說也會做，做個業餘技術員。

要有一雙勞動者的腳，不怕吃苦，勤於拜訪客戶，這樣不僅能增加成功的機會，還能有個健康的身體，好身體是衝鋒陷陣的本錢。

擺脫傳統的行銷模式，換個角度看待問題。擺脫自己是行銷員的心理障礙，要把自己當成是來幫人解決問題的人，助人為樂，從而心裡充滿幸福。要把解決問題，行銷幸福的管道滲透到客戶群裡。

要對自己的工作有計劃、有目標地去進行，並且把計畫細分到每一天。定期回訪客戶，售前服務熱情，售後服務完善，儘量把客戶發展成長期客戶，提高客戶的忠誠度。

4 為客戶著想——行銷效果最大化

為客戶著想，一能讓客戶感激你，二能讓客戶依賴你。做到這兩點，行銷很難不成功。

一個年輕人應徵一家超大型百貨公司的銷售員，這家百貨公司大到飛機輪船小到針線零食，各種產品，應有盡有。老闆覺得年輕人很機靈，叫他第二天來上班，試用一天。

第二天傍晚，老闆來到公司，問年輕人今天做了幾筆生意。

「一筆。」年輕人回答。

老闆很不滿意：「我們的銷售員一天至少要做三十筆生意左右，看來你不適合這裡的工作……你賣了什麼東西？」

年輕人說：「我賣了蠻多東西出去的……總計大約是三十萬美元。」

老闆大吃一驚，連忙追問是怎麼回事。

年輕人說：「有一個男士來買釣竿。」

老闆更驚訝了：「我怎麼不記得我們有價值三十萬元的釣竿？」

「我們確實沒有三十萬元的釣竿。」年輕人說：「我只是提醒那位男士，相關的用品準備好了嗎？於是我推薦他買了小號的、中號的和大號的浮標，之後，我把所有型號的魚線都賣給了他。他打算去海邊釣魚，於是我建議他買一艘小船，既可以釣魚還可以享受航行的快樂。他說他的汽車恐怕載不走小船，我就帶他到汽車專櫃，推薦他一輛豐田新款豪華休旅車，他很滿意我的建議，買下了所有東西，一共是三十萬美元。」

行銷教戰指南

隨著經濟快速發展，當今的行銷隊伍也快速壯大，在龐大的隊伍裡，行銷人的能力和技巧參差不齊，業績也有很大的差別。

如何才能成為故事中年輕人那樣的金牌行銷員？不妨從以下幾點做起。

1. 為客戶著想：為客戶著想，是一種感受客戶的反應和變化的能力，有了這種能力，就可以根據客戶微妙的暗示和線索，判斷出客戶的想法和感受，並迅速做出反應，調整行銷方案。

設身處地，並不是單純迎合客戶，同意他的想法，而是要真正理解客戶。在很多時候，我們會遇到一種情況：客戶找很多理由拒絕，或者漫不經心敷衍了事。其實我們要清楚地認知到自己是來提供服務，幫助客戶減緩壓力。如果能夠做到這一點，就可以掌握主導權，最終行銷成功。

2.自我激勵：自我激勵，可以讓行銷員不再是為了業績或報酬而行銷，而是為了實現個人成功而行銷。行銷的過程，是一種征服的過程，一種強化自我的有效手段。好的行銷員，會在每分每秒尋求讓別人認同的機會，展示個人能力的機會，對他們來說，說服別人就像呼吸一樣重要。

自我激勵、積極工作和上進心強不是同一件事，很多行業都有工作積極、雄心勃勃、努力進取的人才，但是他們不一定具備行銷員的特質。自我激勵是透過說服別人來提升自己的一種有效途徑，而不是希望超越他人的慾望。兩者的區別是前者說服別人，是一種行動，後者可能只是一種想法。

為客戶著想並且能夠自我激勵，就會是一個好的推銷員。

5 成功唯一祕訣——簡單的事情重複做

成功的祕訣很簡單：簡單的事情重複做，重複的次數越多，離成功就越近。

在某次商務界的大型聚會上，主辦單位請來了著名的行銷大師，大家都想知道大師推銷成功的祕訣。大師被請到台上，當大家都準備洗耳恭聽他的成功史時，大師卻微笑著沒有說話，而是向後台揮手。

場上的燈光暗了許多，四個彪形大漢吃力地抬著一個鐵架慢慢走上台，把鐵架放在台上，鐵架上還掛著一個大大的鐵球。

大師走到鐵架前，掏出一把小錘，敲了一下大鐵球，大鐵球紋絲未動。這個大鐵球估計超過一百公斤，一個人用力推才可能推動，用小錘敲根本沒有什麼影響。

五秒鐘之後，大師又敲了一下，鐵球還是沒反應。之後，大師每隔五秒就敲一下鐵球，連續不斷，台下的人們慢慢按捺不住，開始鼓譟，有人乾脆離開現場。

大師依然敲著，台下的人越來越少，最後只剩下幾百人。

大概過了四十分鐘左右，坐在前面的一位女士突然尖叫：「球動了！」會場剎那間鴉雀無聲。人們聚精會神地看著鐵球，發現它以很小的幅度擺動了起來，不仔細看很難察覺。大師仍舊一鎚一鎚地敲，漸漸地，大鐵球越蕩越高，鐵架子也嘎吱作響。

到了這個時候，台下響起了熱烈的歡呼聲。

這時候，大師開始跟堅持到最後的人分享成功的祕訣。

「成功其實很簡單，簡單的事情重複做，每天堅持下去，當成功到來時，就像這個動起來的大鐵球，你想攔都攔不住。」

行銷教戰指南

成功其實很容易，就是先養成好習慣，然後堅持到最後。

習慣的力量是可怕的，好的習慣可以成就一個人，壞的習慣可以毀掉一個人，養成良好習慣，是人一生最寶貴的財富。

如果你渴望自己的行銷事業取得成功，就應該從現在開始，養成良好的行銷習慣。

1.認真經營：面對任何事都要認真，比如收集客戶資料，了解產品資訊，整理客戶名單，記錄客戶反應……認真追蹤每一個客戶，處理客戶的所有問題，制定自己的每一份計畫。

2.細心思考：仔細思考遇到的問題，審核工作流程和細節。時時注意全部細節並且養成習慣，很不容易，要有恆心和毅力堅持。

3.制定目標，做好時間管理：目標就是最終要達到的目的。根據自身情況制定可行的目標，然後把目標分時間和階段細化成子目標。有了目標之後，根據子目標制定具體的時間，這就是時間管理。做事情有了目標，有了計畫，又有了時間的安排，複雜的事情就能簡單化。

4.學習新知：現代社會知識更新迅速，要不斷學習新知識，充實自己，才不會被社會淘汰。

5.誠信待人：這是任何人、任何時候都必須養成的習慣，這個習慣能體現出一個人的品德。如果一個人的人品不好，無論他做什麼都無法立足。

6.換位思考：任何時候都記得從對方的角度考慮問題。如果客戶提出問題和疑問，盡可能快速理解並且告訴對方。這會讓客戶對你產生信賴感，之後就能溝通無礙，達成交易。

6 用心關愛——讓行銷所向無敵

客戶的利益高於一切，行銷就能百戰百勝。

在英國，有一位孤苦伶仃的老人，一生無兒無女。隨著年齡的增長，老人身體越來越糟糕，經常疾病纏身。由於身邊沒有人照料，老人的晚年生活很悲慘，於是他決定搬到安養院。

既然要搬到安養院，老人原本不錯的宅院也只好賣掉了。這個消息一傳出去，立刻吸引了很多購買者，底價八萬英鎊，很快被炒到了十萬英鎊，價格還在不斷上升。

這時候，人群裡走出來一位年輕人，他來到老人面前，趴在老人耳邊輕輕說：「親愛的先生，我想買你的房子，可是我只有一英鎊。」

老人沒有作聲，年輕人繼續說：「如果您願意把房子賣給我，我會邀請您和我一起居住，我們一起散步，看傍晚美麗的夕陽；一起讀報紙，分享生活中的快樂；一起喝茶，品嘗人生中的美好時光。我會用熾熱的心關懷您，給您無窮的幸福和快樂。」

老人點頭微笑，擺擺手示意大家安靜，說：「朋友們，房子的新主人已經找到了，就是這位年輕的先生。」

行銷教戰指南

一字記之曰「心」，這不只是電影裡的台詞。有心，可以改變一切，一切事物都會因為你的心而閃閃發光。

要發自內心關心客戶。你的真誠會透過言行舉止流露出來，讓客戶覺得認識你真好，而且會願意接近你，親近你。

要關心每一個人。你能關心越多人，就會有越多人成為你的朋友，如果你能關心所有人，那麼，你遇到的每一個人都會成為你的朋友、你的貴人、你的客戶。

很多時候，我們會對別人抱有偏見，甚至是對我們自己——比如失敗之後，就認為自己是個沒有用的人。這些誤區，變成了心裡阻礙發展的一道牆。打破心牆的最好方法就是保持真心誠意。

要時時向客戶展現出你的快樂和感激。同樣一句話，如果你真誠地訴說，給別人的感覺絕對是不一樣的。在行銷中，與其說什麼方式、方法，行銷人本身的心更重要，真心誠意才是打動客戶的最強武器。

北風再怎麼吹，也不能吹開人們身上裹緊的外衣，當太陽升起，溫暖的陽光則會讓人不由自主地敞開心胸。行銷也是如此。

有的時候，行銷人會因為一些事情失去客戶的信任，一般情況下很難挽回。拿出你的真心，事情就會有轉機。

7 擅闖禁區——天外奇蹟的創意行銷思考

敢冒險的行銷者，能為企業創造出更大的市場競爭力，從而成就豐功偉業。

某間公司，一直有一個很奇怪的規定：不准進入公司的某個房間，而且沒有說明原因。大家都覺得很奇怪，可是從上到下，從菜鳥到老鳥，沒有人敢問，大家都只是私下猜想，房間裡也許有老闆的隱私、公司的機密，或者是很多女人的屍體？

無論如何，員工們牢牢記著這個規定，沒有人敢進入那個神祕房間。

又有一批新員工報到，老闆再次親自告訴他們，不可以進入那個房間。其中有一個年輕人膽子很大，好奇心也很重，忍不住問：「為什麼？」

「不要問……」老闆一臉嚴肅：「很可怕。」

年輕人點頭答應，但心裡癢得好像有隻小貓在抓。

有一天，他終於鼓起勇氣，走到神祕的房間門口。他輕輕敲了敲門，推開門走了進去。

房間裡空蕩蕩的，只有一張空桌子，桌上面放著一張紙條：請把這張紙條交給老闆。

其他同事知道年輕人擅闖公司禁區，都為他擔心，勸他把紙條放回原處，別惹火燒身。年輕人沒有聽從勸告，他拿著紙條去找老闆了。

大家捏了一把冷汗，不知道年輕人會受到什麼處分，結果，出乎大家的意料之外，年輕人不僅沒有受到懲罰，還被老闆提升為銷售部經理。

行銷教戰指南

年輕人擅闖禁區，是因為他敢於打破常規，沒有被固有的條條框框束縛。行銷需要的就是這種精神，所以他被老闆委以重任。

在人的一生中，有很多成功的大門其實並沒有上鎖，只要有膽識，有勇氣，就能進入另外一個天地；相反，人生最大的悲哀莫過於被世俗的條條框框束縛，就是這種謹小慎微，讓很多人失去成功的機會。

對於企業來說，發展是必須的，因為不發展就會被市場淘汰。所以每個企業都需要具有創新精神的行銷人員，推動企業發展。

創新是每個人都具備的潛質，並不需要多高的ＩＱ或者ＥＱ。有些人之所以具備創新精神，是因為他從一開始就覺得解決問題是他責無旁貸的事。同樣的道理，一個行銷人員只有善於創新，才可以創造出令人意想不到的奇蹟。

企業必須要求行銷人勇於創新，不要滿足現有的成就和工作，能夠用戰略眼光積極嘗試新的行銷方法，不斷進取。在市場不斷變化的時代，只有未雨綢繆，才能化被動為主動，迎接挑戰。

創新，就是冒險，也是開拓。如果你不甘於平淡，你就有成功的資質。有機會的話，試著走進那個房間吧，打破條條框框，去探索，去發現，去走沒有人走過的路，新的天地，就會出現在你的眼前。

CHAPTER 6

服務是行銷的動力

在產品高度同質化的今天，消費者對產品的要求不單單是功能、價格和品質，還有服務。這使得企業競爭升級，變成了顧客滿意度競爭。

1 強勢競爭的祕訣——服務是企業競爭核心

服務是顧客和企業之間的情感聯繫，也是連接產品和顧客之間的橋樑。

小城的火車站附近有兩家賓館，一家在火車站南面，一家在火車站北面。南面的賓館標榜「賓至如歸」，北面的賓館則號稱「旅客之家」，兩家賓館競爭了十多年，從來也沒有爭出個高低。

後來，火車站的東面開了一間新的賓館，開業當天，掛了一塊巨型條幅，上面寫著：「在本賓館住宿，免費供餐。」

新賓館的促銷活動，使南北兩家賓館的顧客銳減，兩家的老闆慌了陣腳，最後找到了小城的市長，投訴新賓館進行惡性競爭。新賓館不得不撤下廣告，可是馬上又掛上了新廣告：「如果躺在本賓館床上聽到火車聲，住宿免費。」

兩家老賓館的老闆這才真正意識到了問題的嚴重性，火車站附近的賓館最大的缺點就是噪音太大，這是多年以來他們沒辦法解決的問題，新賓館標榜安靜，一下子就打中了他們的死穴。

於是，兩家老賓館同時降價，打出「住宿只要五美元」的廣告。

一年之後，南邊的賓館變成了超市，北面的賓館變成了餐廳，只剩下東邊的新賓館。他們的新廣告是：「進入大廳，一分鐘內沒有人接待，住宿免費；床鋪上發現頭髮，住宿免費；清晨聽不到後山的鳥鳴，住宿免費；如果菜單上的餐點賣光了，住宿免費。」

行銷教戰指南

在行銷中，所謂的服務，是在充分認識到顧客需求的前提下，為了滿足顧客需求所採取的一系列活動。

服務，是現代企業的核心競爭武器，服務可以促進品牌的完善，服務是品牌的一部分。隨著產品的同質化，服務顯得更加重要，企業必須採用靈活有特色的服務吸引顧客，留住顧客。另外，現代人注重精神享受，優良的服務可以提升品牌知名度。

服務，是產品增值的有效途徑。當今產品價格的競爭已經轉化為服務品質的競爭，產品的附加價值體現在服務上，提高服務品質，才可以有效地提高產品價格。

服務，可以拉近企業和顧客間的距離，可以擴大和累積企業的客戶資源。市場無情，是服務有情，服務以顧客為中心，用感情拉近企業和顧客間的距離，建立長久的客戶關係。

服務，是留住顧客、培養新顧客和忠誠顧客的有效手段。服務式的行銷，使企業更容易從消費者的角度考慮，一切以滿足消費者的需求為中心。這是留住消費者，培養消費者忠誠度的關鍵。

服務，可以有效提高企業的競爭力，使企業在市場中立於不敗之地。

2 一碗熱湯抓住你的心——細膩打造致勝利器

在同質產品增多的情況下，誰能提供優質服務，就能贏得顧客、留住顧客。

有一位遊客獨自去到一個著名景點，中午又渴又餓，走進一家餐廳。餐廳很乾淨，環境很優雅，吃飯的人很多，他點了一道當地很有名的湯。當服務員端上湯時，他看了看，忍不住大發雷霆：「你們是這樣招待客人的嗎？這湯冷的，怎麼喝啊？把經理叫來！」

服務員微笑著把湯端了下去，沒多久又端了一碗湯來，這次，湯的旁邊多了一根湯匙。在遊客還沒有開口說話之前，服務員微笑著把湯匙放到湯裡並慢慢攪動，只見熱氣迅速擴散出來。原來，這道湯看起來是冷的，其實是熱的，一攪動熱氣就會散發出來。

遊客沉默了，尷尬地坐了下來。

無論是專業服務還是普通服務，都要用心面對顧客，讓顧客充分體會到被尊重的感覺，從而使顧客對企業產生信任感和歸屬感。

在現代行銷中，同質化產品增多，想在眾多產品中脫穎而出，服務會是致勝的有力武器。只有提供優質服務，贏得客戶的滿意，才能占有市場。

如何才能做好服務呢？

1. 服務要一體化：要想真正抓住顧客的心，提高顧客的忠誠度，就要提供全方位的服務，因為單一的服務只能暫時吸引顧客，不能長遠。

全方位的服務包括售前、售中、售後服務，三者之間相互聯繫，相互作用。

售前服務：是在產品的銷售前為顧客提供諮詢、產品說明，引導顧客認識自身需求，喚起購買慾望。這是一個重要步驟，在整個行銷中作用重大。

售中服務：是指銷售產品的過程中提供的服務，比如介紹產品、展示產品、說明產品的使用方法等等，售中服務伴隨顧客的購買過程，是促進產品成交的重要環節。

售後服務：是指產品銷售出去以後提供的服務，比如產品的運輸、安裝、維修、退換貨等等。售後服務可以使顧客安心使用產品，之後成為長期客戶，更會帶來其他的新客戶。

一位著名的行銷大師曾經說過：「一次良好的服務會給你帶來九個新客戶，一次不良的服務會讓你失去二十五個潛在客戶。」

2. 服務要客製化：企業服務往往是針對所有的目標客戶，但是這種大眾化服務很難滿足每個顧客的個人需求。如果想使每個顧客滿意，企業必須提供客製化服務。提供客製化的服務，首先必須與顧客建立方便快速的聯繫管道，這樣可以快速掌握顧客的需求，而且能夠及時得到顧客的意見。把顧客看成是老師，服務才能精益求精，留住更多的回頭客。

網路的發展為個性化服務提供了良好基礎，透過網路得到顧客的需求資訊，方便快捷，更能提高服務效率，在最短的時間內讓顧客滿意。

3. 採取一對一的行銷方式：傳統的行銷方式是企業生產產品，之後努力尋找顧客。一對一行銷是先培養顧客，然後為顧客搜尋產品。一對一行銷是以顧客為中心，透過和顧客的對話互動，建立長久的、穩固的雙贏關係，真正使每一位顧客滿意。

3 老人超市的創意——服務永遠不嫌多

顧客傳統的選購標準是產品的實用性和耐久性，隨著市場經濟發展，顧客的購買標準已經從產品品質上升到產品的包裝、服務、廣告、售後服務等因素。

美國德克薩斯州有一家專門為老人提供服務的大型超市，超市的名字就叫「老人超市」。

超市的佈置和普通超市不同，貨架間的距離加大，老人可以慢慢在貨架間選購而不會覺得擁擠；貨架間有可以坐下歇息的椅子，可以讓老人在感覺累的時候隨時坐下休息；購物手推車上有剎車裝置，同時也設置了可以隨時坐下歇息的簡單座位，方便年紀較大或行動不便的顧客；貨架上的貨物都用醒目的標籤標示價格名稱，標籤和字體都比普通超市大很多，這樣老人閱讀起來比較方便；貨架上還準備了放大鏡和老花眼鏡，方便老人看清商品的詳細資訊；超市的貨物品種齊全，衣食住行都有，並且有專車為老人送貨到家。

同時，老人超市聘用了二十位五十歲以上的老人做服務員，這些老年員工不僅深得顧客信賴，還解決了再就業問題。

老人超市設身處地的為老人著想，深受老年人的歡迎，不僅如此，還受到一些年輕媽媽們的青睞，她們可以輕鬆地帶著寶寶逛超市。

老人超市的營業額比同樣規模的超市高出三成左右。

行銷教戰指南

老人超市成功的原因，一是獨特的創意，二是為顧客提供了細緻入微的服務，滿足目標客群的需求，增加顧客的滿意度。

在現代行銷中，企業很難單純依靠產品維持效益和發展，於是優質服務就成了發展的有效途徑。可是提到服務，很多行銷人都感到很困惑，不明白服務的標準什麼？

其實，企業的一切服務，以顧客的滿意度為標準即可，要站在顧客的立場，分析顧客的需求並給予滿足，其中包括五大滿意系統：理念滿意系統、行為滿意系統、視聽滿意系統、產品滿意系統、服務滿意系統。

服務，並不是簡單的讓服務員提供服務就可以，那只是五大滿意系統其中一項，比如電信部門安排了一些漂亮可人的服務員，但是收費標準不改變。

當然，如果只重視服務，卻忽視了其他滿意系統，這樣的服務也是不及格的。

在實施服務的過程中，要始終遵循三個原則。

1. **顧客至上：**站在顧客角度開發、生產產品，在設計、市場、供應的過程中把顧客的不滿意因素去掉，使顧客打從內心深處對企業產生信賴感和歸屬感，提高忠誠度。

2. **顧客永遠是對的：**只有顧客才真正知道自己的需求和愛好，這正是行銷者要收集的資訊。永遠不要和顧客發生衝突，一傳十十傳百，再加上現在網路傳播資訊的速度，企業很快就會失去很多顧客。

3. **一切都是為了顧客：**顧客的需要就是企業的需要，企業要真正了解顧客需要什麼，並滿足顧客的需求，不斷完善經營。

4 微笑是服務的精髓

微笑是一切服務的靈魂，微笑是每個人都能理解的世界性語言，微笑是是打開顧客心靈大門的鑰匙。

一位外國客人住進了一間高級旅館。某天，外國客人外出，有一個聲稱是他朋友的人來找他，希望能到貴賓室等。由於客人沒有事先交代，服務員沒有答應那個人的要求，而是讓對方在大廳等待。

外國客人回到旅館得知這個狀況之後，非常不高興，就到櫃檯找人理論，旅館公關經理急忙趕來，本來想向客人解釋這件事，可是客人怒氣正盛，立刻激烈地斥責了經理。

公關經理不發一語，始終保持著微笑，讓外國客人盡情發洩。

一段時間之後，客人終於平靜下來，公關經理才微笑著道歉，並說明旅館的規定，其實是為了其他客人的安全著想，請外國客人理解。最後，外國客人接受了公關經理的道歉。

在外國客人結束行程要離開旅館的時候，專程找了公關經理辭行，他說：「下次出差我一定還要住你們這裡。」

行銷教戰指南

微笑是人類的本能，是內心情感的外在流露，這意味著服務者不但要付出勞力，還要付出情感。不要吝嗇微笑，微笑是一把神奇的鑰匙，可以打開人們心靈的大門。

隨著產品同質化，人們對服務品質的要求日益增高，各行業間的競爭，其實就是服務品質的競爭。服務品質的好壞，不僅決定客源的多寡，還對企業效益有很大的影響。

微笑是服務工作的宗旨，是服務人員與顧客打交道最基本的工作態度，更是一種職業道德的體現。麥當勞的老闆就認為，微笑是麥當勞最有價值的商品之一。

微笑，能給顧客帶來良好的第一印象。

大家都知道第一印象很重要，如果服務人員給客戶留下不好的第一印象，這是很難改變的，要付出幾十倍的精力才能扭轉。微笑是改善人與人之間關係的妙方，會在服務中發揮事半功倍的效果。

微笑，可以增加顧客對服務人員的好感和信賴，可以使顧客在整個被服務的過程中輕鬆愉悅，這些都有益於服務的順利進行。不僅如此，微笑更可以使服務人員保持心情愉快，充滿自信，工作氛圍良好，效率自然會大大提高，最後給服務人員帶來更多的成就感，這是一個良性循環。

微笑，能夠使服務人員及早發現顧客的需求。

很多時候，服務人員很難弄清楚顧客真正需要什麼，這個時候，服務人員的微笑會拉近和顧客的距離，當顧客有需要時會及早告訴服務人員，這有利於服務的進行。

微笑，能為企業帶來可觀的經濟效益。

對顧客來說，服務人員代表了整個企業，服務品質的好壞直接影響了企業收益。一個簡單的微笑，能夠給顧客帶來好印象，顧客不僅認可服務人員，甚至能認可企業形象，成為企業的忠實客戶。

微笑，是企業送給顧客最美的表情，是企業留住顧客的無聲力量；微笑，更是企業的品質和品牌。偉大的推銷員喬・吉拉德說過：「當你微笑時，你會發現整個世界都在微笑。」

隨著市場經濟發展，人們享受服務的意識越來越強烈，企業要想在激烈的競爭中生存發展，就要以微笑服務、特色服務來贏得客戶的青睞。

5 良好的服務是培養永久客戶的不二法門

現代的消費者不僅購買產品的使用價值，還需要獲得心理上的滿足。作為行銷者，在購買產品的同時更要注重服務。

專家預測明年的蘋果市場將要飽和，這會使果農們蒙受巨大的經濟損失，為此很多人都叫苦不迭。就在大家長吁短嘆時，有一個聰明的果農，想到了一條妙計。

如果讓蘋果增加祝福的功能，也就是讓每個蘋果上都出現一些喜慶的字樣，比如：福、祿、壽、喜，也許能賣個好價錢。

於是，他把事先剪好的字樣貼在每個蘋果向光的一面，由於貼紙遮擋了陽光，蘋果就留下了字的痕跡。他的蘋果上市以後，由於創意獨特，很快被搶購一空。

下一年，他的創意已經被很多人學會了，市面上出現了很多祝福蘋果，但是，他的蘋果還是賣的最好——因為他想到了新點子。

他的蘋果，不僅有喜慶的字樣，而且購買者可以全系列購買，一袋蘋果裡，不同的字句可以組成一句祝福，比如祝您事業成功、祝您愛情甜蜜、祝您壽比南山、祝您早日康復、中秋快樂等等，根據不同的情況可以選擇不同的祝福語。

人們再次被他的創意吸引，慕名而來，買他的蘋果送給朋友、親人。

行銷教戰指南

一顆普通的蘋果，因為多了一句祝福，滿足了人們的心理需求。這就是親情服務，讓人感覺溫暖、親切，從而緊緊抓住顧客。

調查顯示，九成的顧客不會選擇服務品質差的公司，八成的顧客會選擇服務品質更好的公司，兩成的人寧願多花錢選擇服務品質好的公司。

美國哈佛商業雜誌的一份研究報告顯示，再次光臨的顧客可以為公司帶來兩成到八成的利潤，吸引他們再次光臨的因素首先是服務品質，其次是產品本身，最後才是價格。

不滿意的顧客會讓企業贈加隱形的高成本，資料顯示，企業失去的顧客有七成是因為對服務品質不滿意，每一位投訴的顧客背後都有二十六位和他同樣不滿意的顧客，他們每個人都會把自己的不滿告訴八到十八個人，也就是說，失去一個顧客，要增加十多個顧客才能彌補回來。

服務是無聲的行銷，企業提高服務品質，企業信譽就會增加，擴大市場，從而提高行銷效益。在行銷的過程中除了要提供好產品，還要提供服務態度和專業能力。在行業的相互競爭中，除了價格戰，競爭的就是服務了。只有高品質的服務才能吸引顧客重複消費和推薦，這是業務拓展最重要的環節。

著名的行銷員坎多爾弗說：「優良的服務就是優良的行銷。」

有些目光短淺的行銷者認為服務既浪費時間又要付出高額費用，這是大錯特錯的，服務是區分企業和企業、產品和產品的重要因素。

行銷要與服務完美結合，日本行銷大師原一平說：「把行銷前的奉承變成行銷後細心周到的服務，才是培養永久客戶的不二法門。」

無論企業提供了多麼好的產品，如果服務不完善，不能讓顧客滿意，你就會喪失產品信譽，失去顧客。

6 喬・吉拉德的賀卡——服務人性化

以情感換取顧客的金錢，可以使服務更加人情化，有利於企業培養忠實客戶。

喬・吉拉德以自己獨特的推銷方式被人們所傳誦，他創造了金氏紀錄，被稱為世界上最偉大的推銷員。

他每年都要給每一個客戶和潛在客戶寄十二張賀卡，每張賀卡的顏色和式樣都不一樣，郵寄的方式也不同，這總是給客戶帶來意外驚喜。他在信封上從來不放上與企業有關的資訊，這些賀卡，就是節日裡朋友、親人間的問候和祝福。

在十二月，賀卡會寫著「聖誕快樂」，下方署名：「雪福蘭轎車　喬・吉拉德上」，沒有贅述，不談業務，二月賀卡上則是「享受快樂的情人節」。

不要覺得他這樣做是自作多情或多此一舉，小小的賀卡扮演著舉足輕重的作用，很多客戶在節日裡都會問家人有沒有收到賀卡，或者說：「哦！真高興！又收到吉拉德的祝福了！」

每年有十二次機會，喬・吉拉德的名字在愉快的氛圍中進入很多家庭，給人們留下印象。雖然他沒有說要任何人買他的汽車，沒有說過任何一句跟業務有關的話，但是，當人們想買車時，第一個想到的就是他。

行銷教戰指南

喬・吉拉德成功的原因很簡單，就是把客戶看成自己的朋友親人，讓客戶體驗到貼心的關懷，享受細緻入微的服務，以此來提高信任感和忠誠度。

在以往的行銷中，大家都熟悉「顧客就是上帝」。顧客是利潤的製造者，行銷的目的是利潤，把顧客當成上帝也不為過。

可是上帝高高在上，常常讓行銷者感到無所適從。現代行銷，要轉變顧客就是上帝的服務理念，把顧客當成朋友或親人，使服務更加人性化。親人和朋友會經常接觸，透過這種新的關係，企業和顧客間的距離就會縮短。

企業要捨棄眼前利益，透過拓展、保持、強化對顧客的服務，做到精確了解顧客的真實需求，以此介入到顧客的購買決策中，與顧客建立一種長期的情感關係，間接實現利潤的最大化。這要求行銷者掌握服務技巧，把握時機，否則會弄巧成拙，成為令人反感的商業秀。

建立資訊系統，將顧客的意見和建議收集起來，按照顧客期望的標準進行服務。做到這一點，需要行銷人員耐心細緻，富有創新意識，引導顧客消費。

7 外送也要ＰＫ戰——服務競爭是綜合實力的較量

企業要提供優質服務，就要投入資金，歸根到底，也就是企業綜合實力的較量。

兩大速食業巨頭麥當勞和肯德基的競爭早已白熱化，經過幾十年的圈地大戰後，又進行了外賣服務ＰＫ。

現代是網路時代，兩間公司的訂餐電話都寫在官網上，麥當勞的訂餐電話是４０６—６８８８，再配合簡單輕快的旋律，讓人很難忘記。為了方便網路訂餐，麥當勞和肯德基都在網上有著外送套餐的相關資訊。

兩間公司的外送速度不相上下，他們的外送員都穿著制服、帶著專業配備，比如冷熱分離的保溫箱。兩者的外賣都要額外加價，麥當勞不限金額，外加三十五元，肯德基則是未達四百元必須加收七十元。麥當勞二十四小時送餐，肯德基則是上午十點到晚上十點。

兩間速食的外送服務，都為顧客提供了細緻入微的服務，由於有著強大的經濟實力做後盾，本土速食業者是很難與之爭鋒的。

行銷教戰指南

競爭是現代行銷的重要特點，表現的形式是多層次、多方面的。良性的市場競爭帶來的是企業進步和發展，有利於整個行業實力的提高。其中，服務競爭是市場競爭的重點，是整個企業綜合實力的較量。

在當今的行銷市場，服務競爭逐漸成為企業的唯一選擇。隨著高科技的迅猛發展和資訊的快速傳播，產品的標準基本相同，競爭環境井然有序，產品同質化，企業已經很難進行價格戰，誰能提供優質服務，誰就能抓住顧客。

服務，能為企業帶來巨額利潤，甚至可以把它當成一種新型投資。

很多消費者以為服務是免費的，其實服務的費用，通常會附加在產品價格裡，產品連同服務一起賣給顧客。

顧客的需求決定了服務的價格，如果服務沒有體現出它的價值，顧客上一次當，下次就會說謝謝再連絡的。

從顧客本身的利益來說，我花錢了，就應該得到應有的回報，應該享受服務；如果企業沒有提供優質服務，顧客就會不滿意。

從企業來說，一個企業想提供優質服務，要有大量的資金做支持，就像是麥當勞和肯德基，同時，兩間企業也取得了豐厚的回報。

CHAPTER 7

客戶管理提高行銷的核心競爭力

客戶管理起源於市場行銷理論，核心思想是將客戶作為最重要的企業資源，透過完善的服務和深入分析來滿足客戶的需求。

1 穿上顧客的鞋子——全方位客戶管理

和客戶保持溝通，讓客戶明白你的所作所為都是站在他的立場，大家的利益是共同的。

約翰調職到新城市，他決定買棟房子把一家老少都接過來住。他考察了很多家售屋中心，最後在一位售屋員的協助下買下房子。房子不錯，但價格偏高，約翰總覺得自己買貴了，心裡很不舒服。

幾個星期過去之後，售屋員忽然登門拜訪，一進門就大聲恭賀約翰買了一棟好房子，還為他講了很多這個地方的典故，接著，他帶著約翰在社區裡轉了一圈，告訴他這棟房子和其他房子與眾不同的地方，還告訴他這個社區住的都是有身分的人，在這裡購屋是身分的象徵。

售屋員的一番話讓約翰心花怒放，覺得自己當初的決策是對的，房子雖然貴了些，但是貴得值得。

房子裝修完畢，朋友和同事們來恭賀約翰喬遷新居，約翰興奮地和他們講了這裡的好處和售屋員的服務，正好有一位朋友也要買房子，約翰就把售屋員介紹給他，最後，售屋員又順利地售出一棟房子。

行銷教戰指南

很多行銷人員把產品賣出去之後就一了百了，不聞不問。其實，產品售出只是行銷工作的開始，而不是結束。對顧客的追蹤服務，會慢慢累積大量的客戶資源，讓客戶自己替行銷人員提供更多的消費者。

在行銷中，客戶管理是一個重要環節，是一種管理手段，目的是為了和客戶建立聯繫。

該如何進行全方位客戶管理？

1. 及時幫顧客解決問題：在購買產品的初期，顧客會遇到很多使用方面的問題，這時行銷人員要及時給予幫助。在產品使用一段時間後，顧客會遇到保養、維修等新問題，行銷人員要和顧客保持溝通，主動給予指導和幫助，這樣一定能贏得顧客的滿意，成為企業的忠實客戶。

2. 關懷客戶：在顧客的生日、節日等特殊日子，主動問候顧客，顧客一定會對企業產生感情。

3. 透過產品提醒客戶：行銷者不僅要了解顧客購買產品的目的和原因，還要對顧客與產品進行關聯性分析，向顧客推薦相應產品，比如顧客要去釣魚，買了魚竿，要提醒顧客是否要買魚餌，魚線等相關聯的東西。

4. 針對客戶本身進行行銷：不同的年齡、生活環境，客戶對產品和服務的需求是不一樣的，仔細了解顧客的不同需求和喜好，主動推薦適合他的產品和服務，比如保險公司會根據人們的求學、就業、結婚、生子階段設計合理的保險計畫，並主動向顧客推薦各階段適當的產品。

5. 透過產品反向分析顧客：行銷人員要根據顧客最後一次交易的時間、頻率和支出，對顧客進行分析，掌握顧客的購買動向和走勢。比如某經銷商這個月的進貨量少了一成，品項少了兩種，這就要關注了，分析其中的原因，找出問題的根源並解決，否則就有可能流失客戶。

6. 追蹤客戶本身：分析顧客的特徵和價值動向，及時掌握顧客的消費需求和動向，針對性地開發新產品並主動向顧客推薦。

要做好全方位客戶管理，就要緊緊抓住顧客的消費心理，提高行銷核心競爭力。

2 傾聽客戶的心聲——多效溝通的客戶管理

行銷者無論什麼時候都要以顧客為中心，透過溝通讓顧客滿意，以提高顧客的忠誠度。

有個學生在暑假替人修剪草坪，某天，他打電話給一位太太：「親愛的女士，請問您需要割草工嗎？」

太太說：「謝謝你，我們已經有割草工了。」

「我可以提供更好的服務，可以為您拔乾淨花叢中的雜草。」

「我的割草工做的很好。」

「我可以幫您為草地澆水。」

「我的割草工也做到了，我很滿意。我不需要新的割草工。」

掛斷電話之後，學生的朋友忍不住問：「你不就是他們家的割草工嗎？」

學生笑著說：「我想知道自己做的好不好，對方還有什麼地方不滿意。」

行銷教戰指南

故事中的學生透過溝通，不斷探詢顧客的評價，想找出自己工作中的不足。

開發一個新客戶要比留住一位老客戶要多付出六倍的成本，想要挽留老客戶，最好的途徑就是進行客戶管理，其中，溝通就是一種有效的管理方式。傾聽客戶的意見和建議，與客戶保持聯繫和接觸，讓客戶感覺到企業對他們的關心。

企業與客戶的溝通，主要有三個重點。

1. 制定有效的傾聽策略：把與客戶的談話收集起來，總結歸納並徵求意見，讓客戶感覺到企業對他們的重視。在傾聽的過程中，要理解客戶的感情因素，避免和客戶爭論。談話過程中，不要急於糾正客戶的錯誤觀點，不妨先避開雙方有分歧的問題。

2. 教育客戶消費觀念：在溝通過程中，引導客戶樹立正確的消費觀念，教會客戶如何正確使用公司產品的方法。

3. 後續服務解決問題：透過溝通幫助客戶解決購買、使用、維修中產生的所有問題，為客戶提供各種優質服務。

市場對客戶充滿誘惑，他們有很多選擇，如果行銷人不主動和他們溝通，成為他們的朋友和熟人，他們就會成為競爭對手的熟人和朋友。

3 客戶是我的朋友——提高服務品質的綜效考量

想要讓新客戶和老客戶受到的服務相同，就必須加強客戶管理和服務體系，把客戶當成親戚、朋友，加強溝通與聯絡。

某天，著名的兒童節目主持人訪問一位五歲的小朋友，他問：「小朋友，你長大以後最想做什麼？」

小朋友歪著腦袋想了想，說：「我長大以後要當飛行員！」

主持人接著問：「如果有一天，你的飛機在空中沒油了，怎麼辦？」

小朋友認真的想了想，說：「我會讓所有的乘客都坐好，綁好安全帶，我自己背著降落傘跳下去。」

孩子的話讓觀眾笑得東倒西歪。

主持人正微笑著準備問下一個問題，孩子卻突然流下了眼淚，於是主持人問：「小朋友，你為什麼哭了？」

小朋友抽抽噎噎地說：「乘客很可憐，我要跳下去拿燃料，然後回來救大家。」

現場的觀眾被孩子感動，熱烈地鼓起掌來。

行銷教戰指南

很多銷售者在向顧客推薦產品和服務時，計算的往往是自身的利益，並沒有把真實的感情傾注進去。

爭奪客戶資源，已經成為現代行銷的核心，企業在保護、利用客戶資源時，往往重視新客戶，而忽視了老客戶和潛在客戶，有的企業甚至乾脆放棄。

絕大多數的潛在客戶是企業花了高額廣告費換來的理性客戶，他們在買與不買間徘徊，需要行銷人進一步的開發。有資料顯示，潛在客戶的消費力是新客戶的三到五倍，開發全新客戶的費用是讓潛在客戶變成客戶的八倍，所以潛在客戶攸關重要。

想讓潛在客戶變成客戶，需要行銷者有足夠的技巧並做好充分準備。

1. 主動出擊：這是客戶管理的常規手段，對於老客戶要建立長效的聯繫機制，使他們成為忠誠的長期客戶。主動出擊對客戶也是一種刺激，讓客戶在需要時就能想到行銷人員。但是，和客戶聯繫要注意方式，做好充足的準備再開始行動，否則會引起客戶反感。

2. **對客戶安排特別計畫：** 讓客戶感覺到某個活動是為他量身訂做的，機會難得，他就會產生消費行為。了解每個客戶的需求和愛好，就能通過適當的活動聚集整體客戶的能量，發揮最佳的互動效果。

3. **透過誘導與獎賞，吸引潛在客戶：** 潛在客戶習慣於觀望，他們關心別的客戶會得到什麼好處，在這種情況下，對忠誠客戶進行獎勵，炒作其效果，不斷誘導和推動潛在客戶的消費慾望。

4. **在客戶關係管理中，服務品質直接影響到整個潛在客戶群體：** 付出更多的真情，給出更多的感動，使他們在不自覺中產生消費的積極效果。

4 抓住高價值客戶——實現精益客戶管理

不同客戶對企業的貢獻不同，因此，企業對客戶要有區別，要採取不同的服務策略和管理政策。

很多人都認為計程車司機賺錢靠運氣，運氣好的賺得多，運氣不好的時候一整天也賺不了多少錢。確實，在乘客揮手招車的幾秒鐘內，很多司機判斷不出乘客的價值。

有一個細心的司機，善於觀察和分析，他不同意以上的觀點，並舉了兩個例子來證明。

例子一：醫院門口有兩個人同時招手搭車，一個人手裡拿著買好的藥，一個手裡拿著臉盆和住院器具，司機應該選擇載哪個人？

答案是選擇拿臉盆的顧客，因為拿臉盆的是出院的病人，病人出院意味著獲得了新生，這時錢已經不重要，他會直接坐計程車回家，不會半路轉捷運或坐公車。而拿藥的顧客，可能就是附近的居民，小病小痛的就近拿藥，搭車的距離不會太遠。

例子二：中午十二點，大型商場門口有三個人招手叫車，一位是年輕女子，手裡拿著一個小包，剛買完東西出來；一位是西裝男子，拿著手提電腦；還有一對年輕情侶，什麼也沒有拿。

應該選擇誰？

答案是拿電腦的男子。

第一位女士手裡拿著小包，可能在附近上班，吃午飯後出來買點東西；年輕情侶什麼都沒有拿，就是來閒逛的，估計離下一個遊玩的地方不會太遠。拿電腦的男子穿著西裝，一定是公務在身，可能去趕赴客戶下午一點的約會，也就是說，車程是一個小時左右。

行銷教戰指南

計程車司機三秒鐘識別顧客，講究的是快狠準，但企業識別顧客特徵和價值的過程卻要複雜困難得多。

很多企業在發展客戶的初期，什麼都一把抓，貪多嚼不爛，無形中提高了企業的投資成本，所以要對客戶進行優勝劣汰，實施動態化、差異化的管理。這樣既可以提高企業利潤，也可以把有限的資源放到高價值核心客戶身上。

價值化分析和研究客戶資料，找出價值型客戶群、潛力型客戶群、潛在客戶群以及過度服務客戶群，然後進行分類管理或實施優勝劣汰。

客戶可以細分為關鍵客戶、重點客戶、一般客戶和維持客戶，關鍵客戶和重點客戶只占企業客戶的兩成，卻為企業貢獻了八成的利潤。只有把客戶分等，才能對有價值的客戶量身訂做個性化的管理和服務，使企業實現精益的客戶管理。

在這方面，電信業者做的就很專業，他們把客戶按照通話量分類，訂立各種不同的管理辦法和行銷手法，這樣做，既降低了企業的客戶管理成本，又有利於提升客戶價值。

高價值客戶的爭奪，是服務行銷戰的本質，一個客戶是否是優質客戶，不能單單看其規模、交易量和交易額指標，關鍵是看該客戶給企業帶來的利潤貢獻度和成長潛力。

服務的同時還要加強客戶管理，對於大客戶的管理，要透過考核，進行「裁員」——有的客戶從規模和交易額上看是大客戶，卻不能給企業帶來利潤，這樣的大客戶就要毫不留情的裁掉；反之，給企業帶來高額利潤的優質客戶要做出獎勵。

很多企業只管服務，疏忽管理。

著名管理大師彼得・杜拉克說：「不去進行評估和量度的東西就無法管理，你的量度手段做到哪一步，管理手段才能做到哪一步。」

客戶管理也是如此。

5 高層客戶一對一管理——提供差異化服務

如果企業規模小，由高層管理者直接負責大客戶；如果大客戶的數量超過二十個，就要成立專門的客戶管理部，對大客戶進行一對一管理。

某個新鮮人進到一家機械製造廠工作，他的工作是每天車完三萬個鉚釘。

新鮮人在學校學的就是車工，車鉚釘不是問題，於是他興奮地開始了職業生涯。

一個星期以後，新鮮人拖著疲憊不堪的身體去找領班，說：「我沒有辦法每天車三萬個鉚釘，我沒有能力勝任這個工作，我想辭職。」

領班問：「一秒鐘車一個鉚釘，你能做到嗎？」

新鮮人點點頭：「可以。」

領班給他了一個計數器，讓他明天每完成一個鉚釘就按一下。

隔天，新鮮人照著領班的要求作，一天下來，他居然輕鬆地完成了三萬個鉚釘的任務。

新鮮人很不解，就去找領班。

領班笑著說：「巨大的工作量會讓你的心理蒙上陰影，使你失去信心，同時打擊了你的工作積極性。如果把工作化整為零，其實並不難。」

行銷教戰指南

當人們被大量的工作壓得喘不過氣來時，不要害怕，理出事情頭緒，撥開頭頂陰霾，陽光就會暖暖的照在身上。

在企業進行客戶管理時，往往會遇到類似情況，面對龐大的客戶群不知如何管理，就像小夥子一樣累得疲憊不堪，最終還沒有效益。

如何經營客戶群裡的大客戶？

1. 優先為大客戶提供充足的貨源：大客戶管理部的首要工作是滿足大客戶的要求，對於存在淡旺季的產品，要隨時了解客戶的銷售與庫存，做出調整。

2. 充分支援大客戶，提高客戶的銷售能力：大客戶管理部不僅要和大客戶的管理者建立好關係，還要定期對基礎人員進行產品培訓，並加強對這些人員的監督工作，使每個人都積極地為產品的銷售付出努力。

3. 新產品上市前，先在大客戶間進行試銷：大客戶對於自己的銷售區域有著較強的影響力，新產品讓大客戶試銷，一方面方便收集客戶資訊，另一方面可以及時對決策做出調整。在產品試銷之前，要和大客戶協調好，使試銷順利進行。

4. 充分關注大客戶的一舉一動：對於大客戶的一切活動都要引起重視，並給予支持和協助，利用一切機會增強和大客戶的感情交流。

5. 企業高層主管要定期拜訪大客戶：為他們提供準確的資訊，協助安排合理的日程，使拜訪有目的、有計劃。高層主管的拜訪能有效提高大客戶的積極性。

6. 為每個大客戶設計促銷方案：根據每個大客戶的需求，讓大客戶感到自己備受重視。

7. 要經常徵求客戶對企業行銷人員的意見並及時作出調整：確保溝通管道暢通，行銷人員代表企業，行銷人員的工作如何，直接影響企業和客戶之間的關係。

8. 要針對大客戶作出適當的獎勵政策：比如折扣、促銷讓利、有獎銷售或回饋獎金等。

9. **保證與大客戶溝通無阻礙：**進行準確、及時的資訊傳播，掌握大客戶，把握市場命脈。大客戶的銷售狀況就是企業行銷的氣象報告，關係到企業行銷的命運。

10. **企業要定期舉行大客戶間的座談會：**以聽取大客戶對企業行銷及產品、服務等方面的意見和建議。從而有效增進客戶和企業的感情，提高客戶的忠誠度。

經營大客戶需要非常細膩，經營大客戶的成功與否，決定了企業行銷業績的好壞。只有牢牢地抓住大客戶，才能以點帶面、以少帶多，使企業增強核心競爭力，在激烈的市場競爭中屹立不倒。

6 積小成大的致富祕訣——小客戶蘊藏大財富

在市場競爭中，大客戶畢竟不多，而且合作成本高，企業很難掌握主動權。發掘一些有潛力的小客戶，也會帶來驚人的業績。

阿卡德是個大富翁，很多人都來向他請教致富的祕訣。

阿卡德會問這些人：「假如你有一個籃子，每天早上在籃子裡放十個雞蛋，晚上從籃子裡拿走九個，最後會怎樣？」

有人回答：「籃子會裝滿雞蛋。」

阿卡德點頭，說：「其實我沒有什麼致富祕訣，就是堅持一個原則：往口袋裡放十枚硬幣，最多只能花掉九個，就像籃子裡的雞蛋一樣，總有一天你的口袋會滿的。」

行銷教戰指南

致富要靠積累，一元對很多人來說微不足道，卻是財富的種子。只有把種子種在肥沃的土壤裡，細心呵護，才可以享受到芳香的鮮花和新鮮的蔬果。

行銷中的客戶管理也是如此，很多企業經營了一段時間以後積累了大量的客戶，卻只有少數客戶帶來利潤。於是企業繼續深入挖掘有利潤的客戶，而對其他的客戶淺嘗輒止，甚至放棄——這是一種惡性循環，把籃子裡的雞蛋扔光了，只好重新把雞蛋放進去。

企業如何才能有效挖掘小客戶，創造價值？

1. **小客戶是教育出來的：**對大客戶進行培訓，對小客戶進行教育。小客戶喜歡能夠幫忙出謀劃策的行銷人員，什麼事情都喜歡和行銷人員商量，配合企業的政策，企業就掌握了主動權。

2. **利潤是關鍵：**小客戶由於銷售量小，討價還價的能力有限，但他們對利潤要求得很直接。一些在大客戶眼裡很平常的服務手法，對小客戶能產生很大的吸引力。

3.為小客戶建立穩定的價格體系：小客戶沒有實力打價格戰，主要靠服務和人脈吸引顧客，所以對產品價格很敏感，產品價格的波動會給他們帶來巨大損失。如果企業產品價格混亂，小客戶就會果斷拋棄。

4.個性化的產品服務：不同區域的消費人群需求不同，如果產品最大化陳列，就會造成產品滯銷，這樣既打擊客戶的積極性，也會讓資金無法流通。調查客戶的目標消費人群，根據市場需求引導客戶訂貨，這些個性化服務會提高客戶的銷售積極性。

5.化整為零的物流服務：小客戶要貨量小，頻率高，又比較分散，物流成本高，這也成為管理小客戶最大的難題。

小客戶特別關心產品的供應是否及時，所以，高效的物流服務是讓小客戶創造價值的關鍵所在。

不妨把大區域劃分成若干小區域，每個小區域定期發貨，節省物流成本——這就要求企業必須對每個客戶建立檔案，記錄分析他們的銷售能力，找出他們的銷售規律和進貨頻率。

6. 和小客戶的私人感情交流：跟大客戶不同，小客戶更注重私人感情，行銷人員必須用真誠獲得客戶的好感，才能順利進行有小溝通，建立良好的關係。了解每個客戶的喜好，記住他們的生日和一些特殊的日子，在這些日子裡發給他們祝福、問候簡訊，或者是一些精美的小禮品。

7 別開生面的服裝表演——有效整合客戶資源

企業要透過一系列活動吸引新客戶，留住老客戶，並提高老客戶的忠誠度。

日本某間化妝品公司，銷售總部在一個人口稠密的大都市裡，這座城市每年都有很多青春亮麗的美少女步入人生的黃金時代，或者繼續深造或者就業。人生嶄新的開始。她們脫掉單調的學生制服，開始把自己修飾和裝扮得漂漂亮亮。

化妝品公司每年都為這些剛畢業的女學生舉行一次服裝表演，聘請明星和模特兒現場傳授美容技巧，在表演中間休息的時候，公司會借機宣傳自己的產品，表演結束時，還會贈送精美禮品給參加的女學生。

女學生事先會收到公司的邀請函，邀請函十分精緻新穎，大多數學生都會接到，之後報名參加，每年參加的人數大約是所有女畢業生的九成以上。這些女孩除了可以參觀精彩的服裝表演，還可以學到很多實用的美容知識，而且人人都有精美禮物，何樂而不為？

她們獲得的精美禮品中，附有一張申請表：「如果妳願意成為本公司產品的使用者，請仔細填好這張申請表並親自交到本公司服務台，就可以享受公司的一切優惠活動。」

很多女生都會仔細填表並交回公司，公司把這些資料整理好，以備日後聯繫，很多學生在提交申請表的同時會購買一些產品。

行銷教戰指南

影響產品銷售的因素很多，但最終因素都落在客戶身上。客戶分為新客戶和老客戶，很多企業沒有權衡好新舊客戶在行銷中的作用，忽視了老客戶的發展潛力，一味開發新客戶。

其實企業盡可能多擁有客戶的思路沒有錯，錯就錯在為了找新客戶而扔了老客戶。

整合客戶資源，就能提高產品的銷售量。每個企業都有自己固定的客戶，這些都是企業的老客戶，對公司的忠誠度很高。和這些客戶的合作風險很低。維護一個老客戶，需要的費用是開發新客戶的十五分之一，由此可見整合老客戶的重要性。方式列舉如下。

1. 為老客戶建立詳細的檔案：隨時了解老客戶的經營情況，準確把握老客戶的需求，對其針對性實施援助和扶持，使客戶感恩，提高忠誠度，為長久的合作打下堅實的基礎。

2. 細心維護關係：關係的好壞，可以直接影響產品的銷量。核心有兩方面：尊重和利益。採取各種措施對客戶表示尊重，滿足客戶的心理需求，重要的是要設法滿足客戶對利益方面的需求，這是維護關係的根本。

3. 對老客戶實行二八法則：對兩成的重點客戶實施重點扶持，有效提升單一客戶對產品品種的承載能力。

企業發展新客戶，是為了彌補空白區域，提升產品銷量。

對於准新客戶，也就是潛在客戶，企業可以透過兩種方式開發：

1. 透過各種媒體把產品資訊宣傳出去，吸引感興趣的消費者。

2. 行銷人員親自進入市場，接觸大量的潛在客戶，達成合作目的。

對於已經成功發展的新客戶，初期合作的量可能很小，企業要趁機透過一系列的特色服務，使銷售能長足發展，比如做好物流配送等基礎服務，或者市場推廣等等一系列的個性化服務。

CHAPTER 8

人才管理使行銷有章可循

人才是企業發展的主體，是生產力諸多要素中最重要的因素。人才管理，是指對影響人才發揮作用的內在和外在因素進行計畫、組織、協調和控制的一系列活動。它關係到人才的吸引、招募、管理、發展和保留的多個環節，並應將其看作一個整體進行管理，以保障在快速的商業變化下，企業能夠有充足的人力資源。

1 把決策當生命——責任心是領導者的管理之本

一次不負責任的決策，不但會給團隊或企業帶來損失，還會嚴重影響員工的積極性。

五個人到非洲一片茂密的叢林去探險，隊長叫馬克。在探險途中，馬克染病，而且病情嚴重。他把四個隊友叫到面前，交給大家一個沉甸甸的箱子，誠懇地說：「各位，這個箱子就拜託你們了，你們要向我保證，在我死去之後，一步也不能離開它。走出叢林之後，把箱子交給我的朋友萊斯・特納教授。箱子裡有我給你們的報酬，比金子還寶貴……」

沒多久，馬克就死了。埋葬了馬克以後，剩下的四個人忍住悲痛繼續上路，誰也不知道自己將來的命運會怎樣。

多日艱困跋涉，四個人疲憊不堪，瘦骨嶙峋，但是仍然尊崇馬克的臨終囑託，寸步不離地扛著沉重的箱子。路越來越難走，每個人的腳步也越來越慢，彷彿一群溺水者在水中做著垂死掙扎。

一切都像在惡夢中，沉甸甸的箱子是負擔，也是他們最大的動力。沒有人倒下，四個人互相監督，誰都不准單獨動箱子，在生命最艱難的時刻，比金子寶貴的報酬是他們心中的一盞燈，讓他們勇往直前。

終於有一天走出了叢林，四個人連歡呼的力氣都沒有了，急忙去找隊長的朋友萊斯特納教授，等著領取比金子還寶貴的報酬。

教授當著四人的面把箱子打開，四個人都傻眼了，裡面是一堆普通的木頭，毫無用處。其中一個人憤怒了：「開什麼玩笑？我們歷盡千辛萬苦幫他帶回這些沒用的東西！」

另一個人也說：「我早就看出他是個神經病！我們不該相信他的話！」

第三個人咆哮：「這混蛋，比金子還寶貴的報酬在哪裡？這些爛木頭嗎？」

第四個人一聲不吭，他想起了一路的千辛萬苦，說：「如果不是這個箱子，我們早就倒下了……生命，不就是比金子還寶貴的報酬嗎？」

馬克臨死前，以一個美麗的謊言指明了行動的方向和目標，使他們走出叢林，獲得寶貴的生命。

在企業中，管理者應該具備的素質是什麼？學歷？能力？修養？

作為一個管理者，最重要的是責任心。

管理者是企業的靈魂，言行舉止影響著全體員工，一個管理者如果沒有責任心，他帶領的員工肯定積極性不高，責任心不強，小事不願做，大事做不來；同事之間缺乏溝通，遇事相互推託；制度很多，執行很少，這就是「上樑不正下樑歪」。

1. 如果計程車司機一邊開車一邊看電影玩手機，乘客擔心害怕，就會要求下車。企業的管理者無論有多高的學歷和能力，如果「開車」（經營）時三心二意，乘客（員工、顧客等）就會失去信心，最後棄「車」而逃。

2. 如果一個管理者責任心強，做事負責任，一切以集體利益為重，他的員工就個個充滿責任心，不做有損集體的事情，主動承擔責任，努力向領導者學習。

3. 在當今激烈的市場競爭中，商場如戰場，管理者就是將軍，如果將軍在馬背上打盹，戰爭能取得勝利嗎？想在經濟大潮中站穩腳跟，就要全體人員認真工作，集中精力。管理者要起帶頭作用，企業才能健康持續發展。

4. 企業在選擇管理者時，一定要嚴格把持責任心這關，要制定相應的分級責任制度，同時制度必須和管理者的利益緊緊聯繫在一起，來約束管理者的行為。要定期對管理者進行考核，對於一貫缺乏責任心的管理者，要及早辭退，以防後患。

管理者是企業的靈魂，管理者的責任心是人才管理的根本所在。

2 知人善用——用人之本

知人善任，是對管理者品行修養與領導能力的檢驗，也直接關係到企業的興衰成敗。

楚漢相爭，項羽初期的兵力和聲勢都比劉邦大得多，雙方進行大小戰爭一百多次，起初劉邦屢戰屢敗，身負十幾處重傷，但最後垓下一戰，劉邦大獲全勝，項羽在烏江自刎。

漢興楚亡並非偶然，是他們用人之道不同所造成的必然結果。

劉邦用的人，三教九流貧賤富貴都有，貴族張良、小吏蕭何、閒人陳平、屠夫樊噲、吹鼓手周勃、商販灌嬰、流氓韓信、強盜彭越等等，他們人盡其才，各盡其長，為劉邦奪取天下立下了汗馬功勞。

項羽心胸狹窄，剛愎自用，疑心太重，最後成了孤家寡人。韓生曾經建議他不要遷都彭城，被他用油鍋烹煮而死；就連最忠心的亞父范增最後也被項羽趕走，很多良將謀士在項羽那裡不得志，也都跑到劉邦那邊去了。

初漢三傑之一的韓信出身貧寒，開始時投奔項羽，但項羽因其身分卑微，沒有重用，只委任了一個執戟郎官的低微職務。韓信向項羽獻計，也被當場拒絕，還差一點降罪。

不得志的韓信後來棄項羽投劉邦，在蕭何的舉薦下，被劉邦委以重任，作了三軍統帥。他明修棧道，暗渡陳倉，先取三秦，後收六國，滅了項羽。

不可一世的西楚霸王，敗在了一個他瞧不起的執戟郎官手裡。

行銷教戰指南

楚漢相爭的最終結果，由領導者的用人之道決定。

劉邦能發現人才，留住人才，用其所長，也就決定了他的成功。俗話說「金無足赤，人無完人」，領導者如果對員工吹毛求疵，那麼員工精神壓抑，就會人心渙散，棄之而去。只有各盡所長，各得其所，工作效率才會提高。

現代企業求賢若渴，但是俗話說得好：「世上先有伯樂，而後有千里馬，千里馬常有，而伯樂不常有。」管理者如何當好伯樂，選好人才，用好人才呢？

1. 管理者用人要學習劉邦，不問出身貴賤，要注重真才實學，就是所謂的英雄莫問出處。作為管理者要善於知人、用人，不光要用自己的智慧，還要善於借用別人的智慧。

2. 作為管理者，自己也必須是個人才，要有遠大的戰略眼光，不要怕下屬超越自己。

有一次，劉邦與韓信談論各位將領的能力，他問韓信：「依你看來，像我這樣的人能帶多少人馬？」

韓信答：「陛下帶十萬人馬差不多。」

劉邦再問：「那麼你呢？」

韓信說：「臣多多益善！」

管理者是帥才，不要怕下面的將才超過自己。

3. 作為管理者要心胸開闊，要發現和挖掘下屬的長處，取長補短，合理運用，使每個員工的潛力和智慧都能最大限度的發揮出來。有很多基層管理者既沒有長遠的戰略眼光也沒有全局意識，以人治為中心，當權者說了算，這樣的管理者只能阻礙企業的發展。

4. 作為管理者要有敏銳的眼光發現人才，還要重視人才，培養人才。就像故事中的劉邦重用韓信。清末兩江總督曾國藩就以知人善任著稱，他還善於培養人才，近代的李鴻章就是他一手培養的。

那麼，衡量人才的標準是什麼呢？

1. 學歷：學歷是現代企業衡量人才的主要標準之一，特別是技術含量高的管理職位。對於莘莘學子來說，高學歷就意味著高起點，占有一定的競爭優勢。

2. 能力：現代企業在選拔人才時，對個人能力要求不斷提高，特別是一些特定職位，能力比學歷更重要，比如銷售、公關等，低學歷高能力的高層管理者也比比皆是。

3. 性格：性格決定命運，現在很多企業重視員工的性格測試。由於現代職場壓力大，一個人的性格可以左右個人事業的發展。性格開朗，自信者將受企業的青睞。

4.品德：這是所有企業考察的重點，企業在選人時都希望德才兼備，如果在德與才做出選擇，寧願選德，三國時的諸葛亮用人注重的就是品德。

5.成就：企業在選拔高級管理人才時，注重的就是成就，這是衡量人才的重要標準。任何成功都需要經過艱辛的磨練，一個人原來的成就，意味這個人的優秀。

6.人脈：在當今的商業領域，人脈資源特別重要。一個人脈豐富的人，不僅能幫助企業快速發展，還能為企業創造好的發展環境。

明智的管理者要知人善用、任人唯賢，這樣企業才能有序發展。

3 藥到為何命除——人才管理的奇招怪式

人才管理的工作核心：保證適合的人在適合的時間從事適合的工作。

有一個江湖遊醫，自稱有治療駝背的本事，他說：「無論你的背彎得像張弓還是彎得像隻蝦，我都能醫治，醫不好不要錢。」

一個駝背人請遊醫去醫治。問：「我的背彎的這麼厲害，能治嗎？」江湖遊醫看了看這個駝背的人，說：「放心！好治，好治！」說著，他拿來一塊門板讓病人趴在上面。

病人很疑惑，問：「大夫，這是做什麼？你怎麼不給我開藥方啊？」

江湖遊醫回答：「你的病不用吃藥，浪費錢，我給你治療，好得快又省錢。」他又拿來另一塊門板壓在駝背人身上，用繩子把兩塊門板緊緊綁在一起，接著跳到門板上，用力踩踏。

被門板夾住，駝背人疼得大呼小叫，扯著脖子喊，江湖遊醫一邊踩一邊說：「治病哪有不痛的？忍一忍，一會兒你的背就直了。」

沒過多久，病人沒了聲響，背直了，可是人也嗚呼哀哉了。

駝背的家人找江湖遊醫討個說法，遊醫理直氣壯的說：「我只管醫直他的背，他的死活，關我什麼事呢？」

行銷教戰指南

很多人做事喜歡立竿見影，藥到病除，卻往往忽視事情的結果，欲速則不達，導致後患無窮。企業的人才管理中，也常常出現這樣的情況，看似解決了一個問題，其實埋下無窮的隱患。

管理人才的根本到底在哪裡？怎樣進行有效的管理？下面教你一些奇招怪式：

1. 在人才業績最佳時進行職位調整：人才的成長是有規律的，在一個職位工作三到四年，這是他業績最佳的時候。如果在這個職位繼續工作下去，成績也不會再有所提高，所以這時要及時對其工作職位進行調整。這樣對於他們才能的提高和繼續成長有很大好處，這也是打造複合型人才的有效手段。

2. 讓低職位者擔當高職位的工作：什麼等級做什麼等級的工作是傳統的作法。低職高就，是讓人才挑擔子，但這樣做要恰到好處，既讓他有壓力，又不要壓力太大。這樣做是對人才的一種挑戰，能激發人才的工作積極性。

3. 大舉評選優秀員工：大舉評選的好處是不會讓光環只集中在少數人身上。評選的比例要達到員工總人數的七成以上，激勵多數，鞭策少數。

4. 讓員工自主擇業：自主擇業就是想做什麼工作就做什麼工作，想做多久就做多久。

很多人可能不理解，想做什麼就做什麼，怎麼管理？其實，人才管理就是給員工營造一種寬鬆的氛圍，在條件允許的情況下，儘量滿足員工的愛好和興趣，這樣才能使員工心情舒暢，充分釋放自身的能量，為公司創造最大價值。

5. 走動式管理：這是西方流行的管理方式，也就是不定時考察各職位的員工。這樣做，一來可以掌握員工的工作情況，二可以增加員工的責任感和自豪感。

6.饑餓療法：給員工營造一些危機感和饑餓感，使他們始終處於緊張狀態，可以增強他們積極進取、知難而上、不怕困難的精神。

7.領導者要具備特殊素質：比如「懶惰」、「簡單」。這裡的「懶惰」指的是領導者不要事必躬親，該誰的事就放手讓誰去做，給下屬一定的自主權；「簡單」指的是領導者在下達任務時，點到即止，讓下屬充分發揮積極性和創造性。

這些奇招怪式，對管理人才、留住人才是很有效的。

4 盡最後的江湖道義之前——談解雇的藝術

解聘員工是人才管理中不可少的課題，這影響到人才管理是否能有序進行。

很久很久以前，兩個國家進行戰爭。

其中一個國家有一個強悍的將軍，他的武器是一把重達一百公斤的大刀，揮舞起來嗡嗡作響，幾乎沒有人可以擋下他的攻擊，大家都叫他大刀將軍。

某一次，大刀將軍帶兵作戰，遇到了敵國一個同樣非常勇武的將軍，兩個將軍拚殺了半天，最後大刀將軍拿著大刀用力一擲，狠狠地把敵國大將釘在地上，取得了勝利。

整理戰場的時候，大刀將軍的親兵看到了將軍的大刀還插在地上，跑過去吭吡吭吡地拔了半天，始終拔不出來，只好回去跟大刀將軍說：「報告將軍，您的大刀拔不起來，看來得重新打造一把大刀了。」

大刀將軍瞄了親兵一眼，本想開口罵人。但後來想想自己的大刀重達一百公斤，還是自己親自過去，呼的一下就把大刀拔了起來。

親兵恍然大悟，說：「看來我剛剛已經把大刀拔鬆了，不然將軍您真的得重新打造一把大刀了。」

行銷教戰指南

公司遇到困難時，需要所有員工貢獻自己的力量；但並不是所有的人都願意出力，有的人只會做做表面文章，喊喊口號應付了事，有時還會起不良作用。要及早認識這樣的員工，清除以防後患。

無論是在經濟景氣還是蕭條時，解雇員工都是企業的難題。

其實，解聘員工要講究藝術。

1. 決定解雇某個員工時，要和幾個了解企業當前形勢的人交流，請教他們的意見。
2. 管理者可以問問自己：是不是自身的失誤讓公司必須解雇某人？
3. 給對方一次改過自新的機會。在任何時候，解雇員工都不是好事，每個人都會進步，真誠的和對方溝通，幫助對方改正錯誤。

4. 準備記錄要解雇的員工的所有表現，有助於理清思路，輕鬆收拾爛攤子。

5. 如果解雇某個員工讓管理者覺得很難堪，表示兩者的溝通太少，管理者要檢討自己。

6. 要保持堅定的態度。決定要解雇某人，從一開始就要堅定不移，不要抱著「再談一次試試」的心態。

7. 不要對解雇者心懷歉疚。很多被解雇的人要求公司提供工作優秀證明，證明應該給，但是不要因為歉疚而承諾任何事情。

8. 要督促解雇者儘快離開，解雇決定宣佈當天就是對方離開的時候，不要拖延時間，否則可能會有意外發生，比如偷竊公司資料等。

9. 不要輕視被解雇者。首先，當初聘用他是你的決定，其次，做的太過分，可能會遭到對方報復；最後，這個人將來有可能成為你大客戶的負責人。

5 老牛也有想逃的時候——人力管理的核心

根據技能稀缺、績效差異以及行銷戰略影響的程度，對公司所有職位進行考評，把得分最高的職位定位為企業中樞工作職位。對於這個職位的人員，企業要在各方面給予優待。

有個農夫靠一頭老黃牛耕田為生，他養了一隻可愛的小花貓當寵物。

某天，老黃牛耕田回來，多吃了幾口草料，被農夫打了一頓，老黃牛很委屈。

這時，小花貓走過來，笑著說：「老黃牛，你真可憐……為什麼被打啊？」

老黃牛更委屈了：「我平時多辛苦啊，主人還嫌我吃得太多！吃不飽，我哪有力氣耕田呢？主人還說，我吃飽了就會偷懶。」

「你有沒有跟主人解釋？」

「我告訴主人說，自從我來到這裡，就發誓一輩子跟著你，幫你耕好田，過好日子。」

「可是主人打你的次數變多了。」小花貓舔舔自己的尾巴。

「他根本不聽我解釋，說我是在為了自己偷吃而辯解。」老黃牛說著，嗚嗚地哭了。

小花貓咯咯笑：「你真是個忠誠憨厚的倒楣鬼！你看我，從來就沒有挨過打，還總是有好吃的，主人還天天抱著我！」

「你怎麼有那麼好的待遇啊？」老黃牛羨慕地看著小花貓。

小花貓笑了起來：「因為我漂亮可愛，聰明伶俐，可以陪主人聊天，還可以幫主人抓貪吃的老鼠啊！」

「可是我幹的活更多，除了耕田，平時還拉車運貨。」老黃牛很茫然。

小花貓走近黃老牛，壓低聲音，神祕地說：「你知道嗎？主人跟我說過，說你太老了，不中用了，明年要把你送到屠宰場！」

老黃牛驚恐地睜大了雙眼，第二天就逃跑了。

農夫不信任老黃牛，採取粗暴式管理，最後還打算榨乾老黃牛的最後一滴血，於是老黃牛逃了。現實中有很多這樣的管理者，利益分配不合理，漠視真正的貢獻者，對善於察言觀色、無實際貢獻的寵物小花貓給予優厚的待遇，使真正有才華和能力的忠誠員工跳槽，這也就是人力資本管理失當。

那麼，作為管理者，如何進行人力資本管理呢？

對於所有以人力資本為核心的團體，員工的挑選都要遵循以下兩條：識別適合的人才；其次，給潛在的員工留下適合的第一印象。

要採用高品質的挑選員工流程，這個挑選流程必須給被挑選者留下機會難得的印象。

要使挑選流程有價值，比如讓被挑選者知道他們的優劣勢以及評價，這對想進行自我發展和進一步學習的人很有吸引力。

高級管理人員流失，替換成本是普通員工的十五到二十倍。想避免人員流失，要做到以下幾點：

1.了解員工：了解員工的需求和價值觀，這是留住員工的基礎，個人的價值觀是多樣化的，有的人重視金錢，有些人重視晉升，掌握這些，才能留住人才。

2.了解市場：很多人離職，是因為找到更好的歸屬。了解市場，了解競爭對手的實力和提供的待遇，才能知道自己有哪些優勢可以留住人才。

3.把重點放在高績效人才身上：高績效人才的替換成本高昂，他們掌握可觀的市場價值，他們的流失會讓企業損失慘重。有效的識別高績效人才，給予他們高水準的獎勵，把獎勵和績效綁在一起，使高績效者獲得更好的薪酬和職業機會。

對人才資本的管理是人才管理的核心，可以有效提高員工的工作積極性和創造性。

6 紅燒肉賞對了——有效的獎勵機制

作為管理者，誰都希望能長期擁有優秀的員工；不同的員工需要不同的獎勵，光靠高額薪水是沒用的。

商人接到一筆生意，有一批貨物要趕在一天之內運到碼頭，可是自己店裡的夥計不多，時間很趕，任務很重。

一大早，商人親自下廚，開飯時，幫每個人盛好飯，一一端到夥計們手裡。

一個夥計接過飯碗，立刻聞到一股誘人的香味，他用筷子把飯扒開，發現兩大塊香噴噴的紅燒肉在碗底。

沒想到老闆如此看得起我，在我的碗裡藏了紅燒肉！

夥計暗暗高興，一聲不吭，蹲到旁邊狼吞虎嚥了起來，後來幹活的時候超努力，在碼頭上不停穿梭，汗流浹背。

可能是因為受到影響，所有夥計都很賣力，一整天的工作，剛過中午就完成了。休息的時候，夥計不解地問另外一個夥計：「你今天怎麼那麼起勁啊？」另一個夥計不好意思地笑了笑，說：「老闆今天對我很好，在我的的碗底偷偷塞了兩塊紅燒肉。」

行銷教戰指南

把肉放在桌上，讓大家夾著吃；把肉放在飯上，每個人自己吃；把肉藏在碗裡，每個人偷偷吃。同樣的肉，卻能吃出三種不同效果，這些領導統御的手法，值得深思。

由於每個企業的情況不同，沒有放諸四海皆準的激勵機制，要注意基本原則，因人、因時、因事進行激勵。

1. 公平性：公平性是員工制度管理的原則，管理者要做到一視同仁，保證多勞多得，獎勤罰懶。

2. 適度：適度的激勵可以使激勵對象樂此不疲地努力工作，獎勵和懲罰不適度，都會增加企業的管理成本，而且達不到預定目的。

3. 教育：激勵機制是企業文化的一部分，企業要建立優秀的企業文化，並對激勵機制進行宣傳來教育員工，使員工明白激勵的要求和規則。

4. 效能最大化：肯定式激勵要體現在「賞不逾時」的及時性上，好比小孩子學走路，在他邁出歪歪扭扭的第一步時，立即給予鼓勵，他的行為得到肯定，才會邁出第二、第三步。這樣做的好處有兩點：得到肯定後繼續前面的行為，使其他員工知道只要按照制度做就可以得到獎勵，增加企業的可信度。

5. 多樣化：精神激勵：透過滿足員工的精神需求來進行激勵，是激勵的一種重要手段，其中包括目標激勵、榮譽激勵、感情激勵、信任激勵、尊重激勵。

物質激勵：透過滿足員工的物質利益需求而激發員工的創造性和積極性。

任務激勵：給員工適應的重任，激發員工的獻身精神，滿足其個人成就感和事業心。

強化激勵：強化正面激勵和負面激勵，對於良好的行為給予高度肯定，對於不良行為給予否定和處罰。強化激勵的關鍵是管理人員能否以身作則，以良好的行為激發下屬員工。

有效的激勵，可以激發員工的責任心和創造性。

7 充分利用強者——提升自身價值

優秀的團隊是大海，一個人無論如何完美，也只是一滴水，只有融入團隊中才能得到快速的成長和提升，進而創造出最大的價值。

有個男人想買一隻會說話的鸚鵡，他走進了專門賣鸚鵡的寵物店。

第一隻鸚鵡，旁邊有張小紙條，寫著「此鸚鵡從海外歸來，會說兩種語言，售價三百美元」。男人眼前一亮，心想價錢不貴，剛想買，抬頭又看到前面還有一隻鸚鵡，走過去一看，標籤上寫著「此鸚鵡環遊世界歸來，會說四種語言，售價五百美元」。

兩隻鸚鵡都有一身漂亮鮮豔的羽毛和嘹亮的嗓音，十分機靈可愛，男人難以抉擇，不知該買哪一隻，圍著兩隻鸚鵡轉呀轉。

正在他拿不定主意時，忽然發現角落有一隻老鸚鵡，毛色暗淡，有氣無力地趴在籠子裡，標籤上面用醒目的大字寫著「此鸚鵡會說一種語言，售價一千美元」。

男人非常驚奇，把老闆叫來詢問原因。

老闆回答：「因為另外兩隻鸚鵡叫牠老闆。」

行銷教戰指南

老鸚鵡之所以最值錢，是因為它能讓另外兩隻有實力的鸚鵡叫老闆，利用並結合兩個強者來增加自己的實力，從而最大限度地提升自身價值。

企業競爭日益劇烈，行銷更加需要優秀的團隊。那麼，企業該如何打造一支高績效的團隊呢？

1. 獨具魅力的團隊精神，能夠為企業行銷提供快速發展的核心競爭力。人多力量大，但如果沒有團隊精神，人人都把個人利益放在第一位，人再多也是一盤散沙。

2. 團隊合作是企業行銷的關鍵因素之一，在企業行銷中扮演舉足輕重的作用。一個企業充滿團隊合作意識，意味著企業有良好的凝聚力和戰鬥力，整個團隊士氣旺盛，團隊成員把個人榮譽和團隊榮譽牢牢拴在一起，這樣才可以發揮出整體作戰能力。

3. 領導者要善於放權和發現成員的長處。一個領導者可以是帥才，但不可能凡事都是將才，不要害怕下屬的能力超過自己，要善於發現下屬的長處和優勢，充分利用，使其最大限度發揮潛能。

4. 領導者要有統覽勝全局的戰略眼光，協調組織團隊成員。使整個行銷團隊齊心協力，榮辱與共。要擁有高瞻遠矚的洞察力和高人一等的判斷力，還必須擁有人心所向的凝聚力和領導力，如同磁鐵一樣緊緊吸引整個團隊，這樣才能最大限度提升自身價值，為企業創造更多財富。

如果一個人事必躬親，認為任何人都不如自己，最終只能獨立工作，成不了優秀的團隊領導者；當今企業行銷需要優秀的團隊，只有優秀的團隊才能培養出高瞻遠矚、有戰略眼光，而且盡心盡職的管理大師，才能使整個行銷團隊，乃至整個企業向著更高目標奮進。

CHAPTER 9

創新使行銷更上一層樓

孫悟空保護唐僧到西天取經，以七十二種變化經歷了九九八十一難，最終修得正果。

行銷也是同樣的道理，在企業生存發展的道路上會遇到各種困難，只有像孫悟空一樣不斷變化和創新，才能更上一層樓。

1 綠色行銷——追求企業長壽的動力

企業在實施綠色行銷過程中，透過產品或品牌幫助消費者樹立環保意識和綠色消費理念，提高產品在消費者心目中的認知度，培養消費者的忠誠度，使企業得到持續性發展。

麥當勞在二〇〇七年成功推出了「Bee Movie」歡樂套餐活動，為的是向孩子們傳遞綠色環保概念。這個世界餐飲界的佼佼者，不僅給孩子們帶來了童趣，還教給孩子們什麼是善良、愛心、社會責任感。

這次活動主要是源於動畫「蜂電影」（Bee Movie），內容是一隻小蜜蜂偶然發現人類對蜂蜜消耗量非常大，為了保護自己的勞動果實不被人類偷竊，向人類展開了戰爭，最終造成了蜜蜂和人類之間關係的混亂。

動畫為環保教育提供了一個非常契合的主題，麥當勞緊緊抓住這一元素，把公司的官方網站全新改版，在全球推出「Bee Movie」歡樂套餐活動，不僅隨歡樂套餐贈送玩具，還可以在麥當勞買到包括主角在內的系列蜜蜂玩具，同時透過網站和戶外活動，利用「Bee Good to the Planet」裡Bee與Be的諧音，讓孩子們展開熱愛地球活動，在網站上留下對保護環境的承諾。

歡樂套餐的網站上還有各種環保小提示和小遊戲，孩子們可以透過遊戲裡的新蜂房城建立自己喜歡的蜜蜂屋，在虛擬世界裡保護環境，增強環保意識。

行銷教戰指南

早在一九九〇年，麥當勞就與環保組織合作，致力於國際環保問題，在國際環保專家的指導下，公司成功建立了一條可持續發展的、環保的全球食品原材料供應鏈。

麥當勞的綠色行銷，順應了國際社會對環境的重視，因而取得了很好的成績，獲得了人們的認可，為企業的持續發展奠定了基礎。這是一種順應時代潮流的創新行銷模式。

隨著人類生存環境的不斷惡化，人們對環境和資源的憂慮轉化到消費行為上，綠色消費成了當今一種時尚。消費者的需求就是企業的需求，綠色行銷也成了企業的必經之路。綠色行銷的進一步拓展和延伸，有著更深遠的意義，更具有時代性。

綠色行銷具備的特點：

1. 綜合性：綠色行銷是在滿足消費者需求和環保需求的前提下獲得利潤，把三者的利益統一協調，從而使企業獲得可持續性發展。

2. 統一性：綠色行銷是社會利益和企業經濟利益的統一，企業在經營中既要考慮自身的利益還要重視社會的長遠利益與大眾的身心健康。

3. 無差別性：全世界綠色行銷的標準和標誌都是一致的，都要求產品品質、生產、使用和產品的處置，符合環保標準，做到對消費者健康無害。

4. 雙向性：綠色行銷不僅要求企業樹立綠色觀念、生產綠色產品，而且要求消費者購買綠色產品，自覺抵制有違環保的產品，樹立綠色觀念。

企業成功的進行綠色行銷要做到以下幾點：

1.要有好的創意：為了企業的生存發展和順應消費需求，每個企業都要走上綠色行銷的路。怎樣在激烈的競爭中獨占鰲頭呢？就要仔細分析市場形勢，找到有創意的突破點。

2.要善於抓住有利時機：綠色行銷要在一定的社會背景下，才會取得最好效果。要把握好尺度，尋找到恰當的時機，制定並實施適應社會大環境的綠色行銷方案。

3.要充分考慮媒體因素的作用：現代新聞傳媒特別發達，社會輿論力量是強大的，因此，在方案的制定和實施中一定要充分考慮媒體的作用。企業在實施綠色行銷時要把自己的閃光點和與眾不同之處展示給媒體，利用傳媒的力量，樹立企業的良好形象，達到行銷的目的。比如格蘭仕，它就是利用媒體關注綠色奧運的心理贏得媒體的關注，取得行銷成功。

2 四兩也可撥千斤——借勢行銷

借勢行銷是指企業借助外部的力量，對品牌、產品進行宣傳，吸引消費者的注意力，獲得市場份額的一種行銷方式。

二○○六年，首屆雙喜世紀婚禮，藉由舉世矚目的青藏鐵路開通之際隆重舉辦，「緣定天路，喜傳天下」受到全球關注，不僅滿足了參與者走進西藏的心願，而且給西藏的貧困兒童帶去了愛心和幫助，將愛和喜悅灑滿青藏鐵路。

二○○七年，在北京奧運會即將來臨之際，雙喜世紀婚禮又以「喜緣盛會，喜傳天下」為主題，組織數對新人在奧運會協辦城市舉行婚禮，為這些新人和奧運送去同樣的祝福，引起社會轟動，營造了全民奧運的喜慶氣氛。

二○○八年，雙喜世紀婚禮在大陸和台灣實現三通的大好形勢下，組織了大陸、台灣三十多對新人舉辦婚禮，「日月同喜，喜傳天下」的主題，緊扣兩岸這個熱門話題，為兩岸人民謠寫了一段美好的傳世佳話。

行銷教戰指南

雙喜世紀婚禮依靠不同的社會熱點為背景，不僅贏得社會公眾的讚譽，還收到了可觀的經濟效益，其行銷戰術是非常成功的，它借助了社會熱門事件的號召力和吸引力，在人們的心目中樹立了象徵性的形象，贏得很多追隨者，使品牌的影響力不斷擴大，知名度迅速提高——這就是借勢行銷的魅力。

《紅樓夢》裡的薛寶釵，在大觀園最後一次詩詞會上做了一首詞：「好風憑藉力，送我上青雲。」這句話的含義就是，借助其他方面的力量，達成自己的目標。其實，不管是個人還是企業，如果真能借助到好風，上青雲是很輕鬆自然的事。

借勢行銷雖好，但也是把雙刃劍，看的準、借的好，就可以四兩撥千斤；看不準、借不好，不僅企業投入的資金泡湯，還會影響企業形象，失去消費者的信任。

怎樣才可以借的準，借的對呢？

1. 有很多企業喜歡跟風，看到別人借勢行銷，也不管自己的產品和現實情況搭不搭關係，就憑著一腔熱血，積極投入其中，最後落個畫虎不成反類犬的結局。

2. 做出判斷，決定借勢後，就要充分做好整個借勢行銷的策劃工作。這一點非常重要，無論投資額多少，長線投入還是短期操作，都要圍繞企業對產品的推廣目標展開。要力求新穎，而且具備親和力，這樣才能吸引廣大消費者的目光，最終實現提升品牌知名度和拉動終端銷售的目標。

青島啤酒是二〇〇八奧運贊助商，它以「夢想中國」、「傾國傾城」、「我是冠軍」等一系列策略，全方位操作，使消費者從不同的管道獲得對品牌的認識。在「夢想中國」策略的實施期間，品牌知名度就提升了一個百分點，產品銷量上升了八個百分點。

在借勢行銷中，品牌知名度的建設要依靠媒體宣傳才能發揮最大的效果，所以，在行銷策劃中媒體宣傳的資金投入預算達到四成左右，使線上的狂轟濫炸真正影響到產品銷售額，這樣才有實際意義。

3. 在借勢行銷中要考慮到受眾的感受，如果借勢不準，借力不對，就會勞民傷財，對企業毫無益處。

在借勢中，除了要吸引消費者的目光，還要把握好受眾心理，拉近產品或服務和受眾的距離。

借勢行銷看似簡單，人人都可以借勢，但是，如果借勢不利，就會名利雙失；如果借勢得當，四兩也可以撥千斤。

3 與狼共舞——危機行銷的商機

危機行銷，就是把危機看做商機，透過各種行銷手段化險為夷，提升企業競爭力。

有個牧羊人，養了很多隻羊，秋天溫度適宜，羊群過得很舒適，慢慢地養成好吃懶動的習慣，每天吃飽了就趴著不動。可是，冬季來臨，天氣一天比一天寒冷，好吃懶動的羊由於不活動，很多都被凍死了。

辛辛苦苦養的羊死去，牧羊人很心疼，為了能讓羊活下去，他絞盡腦汁想辦法，某天，他遇到了一隻兇狠的狼，突然一個念頭閃過腦海。

於是，他捉了幾隻狼放在羊圈裡，羊立刻感覺到了生存危機，為了防止狼的攻擊，牠們時時保持警惕，來回奔跑，這樣不停的奔跑產生了熱量，有效的抵禦了寒冷的侵襲。狼的到來，反而使羊都存活了下來。

行銷教戰指南

商場風雲多變，潛伏著各種危機，危機出現，如果處理不周，會產生很大的負面影響，更會造成企業徹底失敗。

企業要有危機意識，提前預防危機的發生。危機有很強的連鎖效應，一種危機的發生可能會引發另一種危機。危機一旦發生，要儘快查出危機發生的根源，立刻進行危機控制，防止事態進一步惡化，以免給企業造成更大損失；同時，企業要把危機行銷提到一個戰略高度，要掌握一定的行銷技巧。

危機發生了，企業首先要做的是指定專門的發言人。專門的發言人對外發言會使企業對外的聲音一致，發言人最好是企業公關部人員，因為公關人員長期與媒體、公眾打交道，了解這些人的需求，而且能夠最大限度地維護企業利益，避免危機事件往更壞的地方發展。

企業要率先和媒體公開見面，由發言人向公眾陳述事情的過程。發言人不要過多對事情加以分析，要為以後的發言保留餘地，這樣就不會引起大眾的反感和媒體的追問。

要隨時向媒體公佈事態發展，解除公眾疑惑，使公眾看到公司正在努力解決問題。

危機出現，要讓員工知情，並且要求員工不要對外透漏消息，使公司上下團結一心，共度難關。

如果員工不解事情真相，內部產生不穩定因素，弄不好會禍起蕭牆。

要積極與媒體配合，建立良好關係。公司負責人或發言人要向媒體提供真實、客觀的消息，這樣媒體才能做出公正的報導，努力維護企業利益。

危機出現，要接受外人的意見。

俗話說，當局者迷旁觀者清，危機出現時，情況複雜，內部人員可能看不清事態的發展，不能客觀的預料最壞的情況，這時，可以請教外部專家進行分析和建議，從而制定出有效的措施。

要始終保持和客戶聯繫。為了樹立公司的形象，業務人員要經常透過打電話、寫信等方式和客戶聯絡感情，危機發生後更要如此，要挽回客戶對公司的信任，維護好公司原本良好的形象。

商場如戰場，只有做好充分準備，把可能出現的各種危機，當成鍛鍊自己的機會，從而提升競爭力，這樣才會化險為夷，轉敗為勝。

4 信任行銷——忠實客戶的建立

信任行銷有著病毒的效果，特點是快速分裂、複製、傳播自身，使企業營造的信任感藉由顧客傳播出去。

一九九三年的天津《今晚報》刊登了一篇文章，作者是天津一所學校的教職人員，因為買了一件ＹＹ牌防寒服而帶來了無盡的煩惱。

本來為了防寒而買的衣服，花了錢卻飽嘗寒冷——這篇文章引起ＹＹ生產廠家——江西共青羽絨廠駐津辦事處工作人員的注意。他們聯繫到了文章的作者，讓這位消費者帶著她買的防寒服到辦事處。

透過仔細鑒定，這件ＹＹ防寒服沒有生產地址、廠家，也沒有產品規格、貨號，裡面的填充物質量差量少，是仿冒的ＹＹ。

事情真相大白，這和ＹＹ廠家沒有任何關係，不用對這位消費者負任何責任。但是ＹＹ

廠家認為，這件事情已經嚴重影響了該地區消費者對YY的信任度，如果不妥善處理這件事，會給廠家帶來損失，於是，辦事處人員為這位消費者支付了到辦事處的車馬費，還把這件假冒YY帶回工廠重新加工整理，還給她一件真正美麗動人的YY。

YY的這一系列作法，出乎這位消費者的意料，她深受感動，《今晚報》也進行了跟蹤報導，在報刊的同一版面刊登了「美麗『凍』人的原系假冒」的文章。

文章一刊登，就引起很多讀者關注，讀者被YY寬宏大量的優質服務折服。

這件事在當地廣為流傳，成為佳話，使YY名聲大響，該地區的銷售量出現了前所未有的新高。

行銷教戰指南

YY看似多此一舉的行動，實際是精明的行銷戰術，透過優質的服務重新獲得消費者的信任，這就是信任行銷。

隨著行銷環境的改變，企業的行銷方式，從傳統的推拉式行銷轉變到以信任為核心的主動式行銷。

信任是信任行銷的核心，只有信任，品牌才會持久，才會不斷成長。

信任行銷的構成要素有以下幾點：

1. 要建構誠信的企業文化：一個企業賴以生存和發展的基本條件就是誠信，所以，首先要建構誠信的企業文化，把誠信貫穿到整個行銷活動中，這樣才使企業在激烈的市場競爭中立於不敗之地。

2. 建立完善的信用治理機制：信用機制的建立就標誌著企業已經走向信任行銷。建立專門的信任治理部門，提高信用治理水準，形成信用責任鏈，把信用貫穿到行銷中各個環節，這樣才能真正使顧客信任企業，提高顧客的忠誠度。

3. 實施綠色行銷戰略：企業生存和發展的核心戰略是提升企業的社會形象，當前環保問題已經是國際社會普遍關注的焦點，綠色消費成為一種消費時尚。所以企業想贏得未來市場和消費者的認可，贏得政府的支持，必須實施綠色行銷戰略。這一策略不僅可以獲得消費者的信任，也會給企業帶來更大的經濟效益。

4. 獲得顧客認可的基石：優質的產品和服務會提高顧客的滿意度，贏得顧客的好口碑。好口碑就會增加銷售量，會產生滾雪球效應。優質的產品和超值的服務是企業良好信譽的基石，是信任行銷的硬體。企業要想長久擁有顧客，留住顧客，首先要做到這一點，這也是信任行銷賴以生存的根本之所在。

5.透過打造信任鏈打造價值鏈：信任是一切的基礎，在企業行銷的過程中，任何一個環節的信任出現問題，信任鏈都會斷開，價值鏈相應的也會土崩瓦解。所以，企業想打造價值鏈，就要先打造信任鏈。企業只有建立以信任為本的價值鏈，才會實現誠信生產，誠信服務，誠信行銷，為企業創造最大的價值。

以信任為基礎的信任行銷，會給消費者帶來全新的消費感受和消費體驗，也會給企業帶來更多的忠誠顧客和更加光明的市場前景。

5 品牌說故事——最實惠的行銷手段

故事行銷是最實惠的行銷手段，對於不同的企業和不同的發展階段都適用。

在巴黎一條繁華的大街上，一位雙目失明的老人在路邊乞討，他的身旁立著一塊木牌，上面寫著：「我什麼也看不到！」

這塊牌子並沒有發揮功能，來來往往的人冷漠無情地走過，沒有施捨給老人一分錢。

這時，法國著名詩人浪比浩勒路過這裡，在老人的木牌上加了幾個字。

「春天真美啊，可惜我什麼也看不到！」

這句話產生了神奇效果，原來對老人熟視無睹的人們開始關心老人、幫助老人，老人得到了幫助，滿臉洋溢著喜悅之情。

「春天真美啊，可惜我什麼也看不到！」

這樣一句話，改變了人們的行為，也改變了老人處境，這就是語言的特有魅力。這個故事，表現了語言的魅力，並引出了故事行銷。一句有感情的話語，打動了人們的內心，改變了人們的行為。

故事行銷的關鍵就是故事的起因，接著是故事的腳本，然後是故事情節、傳播管道，加上生動的感情，就是效益。

故事具有曲折性、趣味性、傳奇性、傳播性，是一個國家、一個民族、一個企業的根，也是搶占人心最有效、最持久的武器。在當今資訊過剩的行銷時代，各種廣告、資訊等行銷活動刺激著人們緊張的神經，開心、快樂、感人、動人的故事成了短缺的資源。

故事行銷是一種低成本且實用面廣、效果顯著的行銷推廣方式。是很多創業之初的企業屢試不爽的產品推廣手段。

成功運用故事行銷，要做到以下幾點：

1. 尋找品牌自身的歷史故事傳說：人們容易對年代久遠的事物產生信任感，特別是對有傳奇色彩的歷史具強烈的了解慾望。比如中國本土白酒品牌水井坊，就是透過悠久並具有傳奇色彩的歷史故事，成功地進行故事行銷。

2. 對品牌和產品的賣點作為故事進行延伸：很多傳統廣告有生拉硬拽之嫌，屬於老王賣瓜自賣自誇，如果採用生動感人、活靈活現的故事，效果就不一樣了，能讓人產生身臨其境的感覺，從而使消費者產生信賴感。

3. 以企業核心人物獨特的傳奇經歷為故事：很多企業文化就是企業核心人物的文化，也就是老闆的文化。核心人物的傳奇經歷就是很好的故事，是企業進行品牌推廣，產品宣傳鮮活的教材。比如肯德基的創始人桑德斯上校的傳奇創業故事，當人們在這個故事的背景下吃肯德基，就不會覺得只是在吃一塊炸雞或一個漢堡，而是在品味一段傳奇故事。

4. 及時巧妙地運用焦點事件作為故事：焦點事件的傳播力量特別強，透過對社會焦點事件的分析了解，挖掘其中與產品相關的細節，嫁接到產品上。並以各種傳播手段進行擴大、再擴大，最終影響大眾，讓產品深入人心。比如，在鐵達尼號沉沒大海數十年，被打撈上來時，一個ＬＶ行李箱居然還完好無損，這給了ＬＶ一次難得的機會，立刻被充分利用起來了，使其價值進一步提高。

進行故事行銷要注意以下問題：

1. 故事不能失真：故事要有原型，然後進行加工，不能胡編亂造。否則，不但引起不到提升品牌價值的作用，還會失去原有的信譽。

2. 故事煽情但不要離題：就像寫作文一樣，離題的作文等於沒寫。同樣，離題的故事對行銷沒有任何價值。

3. 聚集焦點引發受眾心理共鳴：故事不要有太多的中心觀念，聚集到一個中心才能加深受眾印象。

4. 故事的傳播途徑要多樣化：故事需要進行傳播，要做到以軟推為主，硬推為輔的全方位、立體化傳播。

6 整合行銷——從點到面的突破

很多人以為整合行銷就是把各種企業資源拼湊在一起，發揮最大作用；其實，整合行銷是把企業現有的資源進行合理加工，然後服務於企業的一種行銷策略。

戴爾是國際著名的個人電腦銷售公司，除了店面銷售外，最主要的是網路銷售。

戴爾從創建伊始就明確銷售理念：按照客戶的需求製造電腦，然後直接給客戶發貨。這種銷售方式減少中間環節，使公司節省大量成本和時間，而且能充分了解客戶需求並快速做出回應。戴爾的每款產品都是根據消費者的需求量身訂做，所以，它成為美國商業用戶、政府部門、教育機構等個人消費排名第一的產品。

戴爾進入中國市場後，以網路行銷為基礎，輔以強大的行銷推廣，取得了迅猛發展，成為中國電腦市場的第三大巨頭。

戴爾充分利用網路的優勢，在網上與消費者採用一對一的高品質互動，公司有七成的銷售來自於網路，公司在網站上為消費者提供全方位的產品資訊，發佈新品資訊，甚至還設置了影音互動區，與消費者建立平等的互動平台，消費者可以直接看到產品的研發設計過程，這不僅滿足了消費者對產品研發的好奇心，還為行銷帶來獨特的競爭優勢。

另外，網路論壇、搜索服務，這些都大大提高戴爾的銷售量。

行銷教戰指南

戴爾利用網路加店面銷售，使自身的行銷力量得到極大的釋放，它的整合行銷模式迎合時代潮流，抓住商機，實現了從點到面的突破，值得很多企業借鑑。

整合行銷是把各種行銷手段和行銷工具系統化結合在一起，根據環境的變化隨時做出調整，實現品牌價值增值的行銷理念和行銷方法。

很多企業都知道整合行銷很棒，但是由於對它的曲解，在嘗試過程中只是把行銷策略進行簡單拼湊，沒有對不同行銷策略進行詳細分析和創新。

整合行銷是一種實踐方法，是所有部門共同作用的結果，是優勢資源和先進生產力重組的過程，更是一種創新，是對企業所有行銷經驗的總結和高度昇華。

在整合行銷的初期，各個部門之間處在磨合期，只有在摩擦中才能發現問題，並能快速反應給管理系統，及時作出精確判斷，及時解決問題，這樣才能使整體性最大限度發揮出來，達到最佳的行銷整合效果。

企業的不斷發展和壯大，部門細分和分支機構也在增加。在企業經營初期，整合頻率會比較小，隨著企業發展壯大，整合的內容和頻率都在增加，這也給企業的核心管理者帶來一定的壓力。

如果沒有一個頭腦清晰的管理者，時刻關注每一次整合行銷的實施過程，那麼在實施整合的過程中，企業的向心力和凝聚力減弱，就有可能出現局面失控的情況。

企業在每一次的整合中，都不能簡單拼湊，更不能刻意模仿別人，在實施任何一項行銷策略，都必須清楚這樣做的目的，存在哪些風險，有什麼優勢等等。

在整合的過程中，要時時進行權衡比較，比較越透徹，整合的力度就大，就會以點帶動全面，給企業帶來長遠的利益。

7 病毒式行銷——讓消費者防不勝防

病毒式行銷，其實是一種網路上的最好銷售之一。

震驚世界的四川汶川大地震，牽動億萬人的心，社會各界都盡其所能，捐款捐物。很多大型企業的捐款數目每天被網友在網上排名，捐得少的，不免引起網友不滿，被惡評一通。

著名涼茶品牌王老吉的生產企業加多寶集團，捐了一億元人民幣，隨後在一些論壇出現了一些『封殺王老吉！』的發言：「這間公司也太囂張了吧？捐一億元了不起啊？我今天要買光超市所有的王老吉！」

這些發言有著很強的炒作和號召力，王老吉的銷量立即大增，造成很多地區缺斷貨。每天有很多網友專門去超市買王老吉，然後把購買的照片上傳到網路，說：「看！我又封殺了一家超市！」

其實這是王老吉精心策劃的一次網路行銷，雖然也有企業捐款的數目超過王老吉，但是都沒有收到這樣明顯的效果。王老吉的這次運作無疑是成功的，它使網友們因地震引起的巨大的心理壓抑得以宣洩。

王老吉這次成功運用了病毒式行銷，透過網友的帖子，點燃了導火線，到處呈現網友購買王老吉的熱潮，使王老吉大獲全勝。

行銷教戰指南

網路是人類歷史發展的一個偉大的里程碑，隨著科技不斷發展，網路已經成為現代人生活不可缺的工具，為大眾提供了方便快捷的資訊傳播平台。

網路媒體傳播範圍廣，不受時間和區域的限制，可以二十四小時傳向世界各地，而且交互性強，它和傳統媒體不同，傳統媒體資訊是單方面傳播，而網路媒體是資訊互動傳播，既能進行大眾傳播，也可以在人與人之間傳播，還可以人際傳播，群體傳播。

實施病毒式行銷，行銷者並不直接到網路上推銷自己的產品，而是如同病毒入侵一樣，啟動消費者頭腦裡的購物潛意識。

很多傳統的媒體傳播方式是強制性讓消費者接受，比如電視傳播，你正在看喜歡的電視劇，突然插播一段廣告，這樣你就要被動的去看，但是網路不行，沒有任何一個經銷商會強迫你去看網路上的東西，所以很多企業以開展娛樂活動或傳播知識為藉口進行引導消費者。

病毒式行銷作為一種全新的行銷方式，它的行銷理念有了重大變革。

同樣是做廣告，電視廣告不考慮觀眾的感受，以打擾為基礎進行推銷；病毒式行銷是建立在允許的基礎上的，就像病毒一樣，在你不經意的情況下慢慢地侵入你的肌體，使你對它產生好感，啟動你的購物潛意識，產生購買的願望。

很多以病毒式行銷為主要行銷方式的公司，不僅引導消費者去購買什麼，還告訴消費者購買什麼最合適，以及什麼時間買最划算，它就是消費者的消費策劃師。

這些網路公司為消費者提供龐大的商品資訊，有的多達一百多萬種，把數百家商家連成一體，如果在現實生活中，光是擺滿這些商品就要占掉幾乎一個國家的地盤。

而且，在網路上還可以最大限度地比價，只要滑鼠輕輕一點，就可以買到自己稱心如意的產品，這使消費者節省很多時間和精力，所以很多消費者對這些網站產生強烈的依賴性，從而成為這些網站長久的忠誠顧客。

病毒式行銷的效益和利益，要遠遠大於傳統的行銷方式，比如航空公司透過機票的病毒式行銷，利潤上升了很多。原來的傳統式行銷是把機票交給各個代賣點，機場要支付一成的手續費；現在各大航空公司開通自己的售票網站，旅客直接購買電子機票，不僅大大提高了上座率，而且節省了八成的費用。再比如網上拍賣公司eBay，每天向客戶提供二百多萬種產品，每個星期公司網站的點擊率多達一億次以上。

病毒式行銷，是一種獨特的行銷方式，就像適宜溫度下的大腸桿菌一樣，迅速繁殖、擴散，讓消費者防不勝防，在無意中接受並產生消費行動。

251

CHAPTER 9

創新使行銷更上一層樓

國家圖書館出版品預行編目(CIP)資料

讀故事,學行銷 /林文集作. -- 第一版. -- 臺北市 :
樂果文化, 2014.1
面； 公分. --（樂經營 ; 6）
ISBN 978-986-5983-54-3（平裝）

1.行銷學 2.通俗作品

496 102021967

樂經營 006

讀故事，學行銷

作　　　者／林文集
總　編　輯／陳秀雯
責任編輯／韓顯赫
封面設計／鄭年亨
內頁設計／菩薩蠻數位文化有限公司

出　　　版／樂果文化事業有限公司
讀者服務專線／(02)2795-3656
劃撥帳號／50118837號　樂果文化事業有限公司
印　　　刷／卡樂彩色製版印刷有限公司
總　經　銷／紅螞蟻圖書有限公司
地　　　址／台北市內湖區舊宗路二段121巷19號(紅螞蟻資訊大樓)
電　　　話／(02)2795-3656
傳　　　真／(02)2795-4100

2014年元月 第一版　　定價／240元　ISBN978-986-5983-54-3